与最聪明的人共同进化

CHEERS

HERE COMES EVERYBODY

暗示力

Drunk Tank Pink

[美]亚当·奥尔特 著
Adam Alter

闫佳 译

中国纺织出版社有限公司

亚当·奥尔特
ADAM ALTER

社会心理学家
决策、营销及消费行为学专家

勇闯美国的澳洲学霸，震惊投资界的传奇心理学家

亚当·奥尔特是心理学界的传奇，这位澳大利亚人在美国闯出了一片天地。他在新南威尔士大学取得了心理学学士学位，荣获大学一级荣誉奖章；在普林斯顿大学取得了心理学博士学位，并获得了该校博士毕业生最高荣誉：夏洛特·伊丽莎白·普罗科特论文奖学金和伍德罗·威尔逊奖学金。

2006年，他和心理学家丹尼·奥本海默（Danny Oppenheimer）发现，一个顺口的名字会给上市公司带来更多投资。他们对1990～2004年市场上近1 000只股票的表现进行了研究，发现名字顺口的股票在上市首日的业绩通常要高于那些名字拗口的股票，名字越拗口，首日的表现就越糟糕。这表明人们偏好那些容易处理的事物，一个概念越顺口，似乎就越熟悉、风险越少、威胁越小、可信度越

高——不只是股票，甚至更广泛一些的经济决策也是如此。他们将这一研究成果发表在《美国国家科学院院刊》（PNAS）上，立即在金融投资领域引起了轰动。

决策学和社会心理学的痴迷者和探险家

奥尔特的研究从名字开始，但远不止于此。他的学术研究集中在决策学和社会心理学上，特别关注环境中微妙线索对人类认知和行为的影响。

他对色彩心理学的研究与传播最为人们所乐道。奥尔特其实患有先天性色觉障碍，但这恰恰也是他研究颜色的动力，他很想知道不同的人如何看待颜色，颜色又如何塑造了人们的行为。用他的话说："尽管我有色觉障碍，'酒牢粉'也会对我产生作用，它会让我的身体感到放松。"

奥尔特致力于推广心理学在生活中的应用，他是今日心理学网站的特约博主；他的著作多次刊登在包括《实验心理学季刊》（Quarterly Journal of Experimental Psychology）和《美国国家科学院院刊》等学术刊物上；他也受到了美国公共电视网（PBS）与英国广播公司（BBC）等主流媒体的欢迎，《纽约时报》《华尔街日报》《经济学人》《纽约客》等杂志都刊登过他的文章和专访。

他的处女作《暗示力》一出版即大受欢迎，他因此接受了《时代周刊》"全球100大最具影响力人物"之一马尔科姆·格拉德威尔（Malcolm Gladwell）的特别专访。

最懂消费者心理的营销学教授，深受欢迎的超级演讲者

奥尔特现任纽约大学斯特恩商学院营销学教授，教授决策学、营销学以及消费者行为学。与其他营销学教授相比，他对消费者行为的认识更为深刻与人性化。纽约广告周（Advertising Week）网站如此评价《暗示力》："与许多主题为'品牌'和'营销'的著作相比，本书能告诉我们更多关于消费者行为的真相。"奥尔特认为，与其教授营销的技巧，不如授人以渔，了解到底是什么在影响人们的购买行为。

奥尔特还在纽约大学心理学系兼任教职，同时也在哈佛大学、耶鲁大学、麻省理工学院、斯坦福大学、康奈尔大学与芝加哥大学授课和演讲。奥尔特引用了许多尖端的心理学、营销学及社会学的实例证明，在我们周围，除颜色之外，还有很多"隐形的手"在操控我们的思维与行为。

奥尔特在第60届戛纳狮子国际创意节（Cannes Lions）论坛上发表了题为"暗示力"的演讲，并与包括谷歌、微软、安海斯·布希、保诚和富达等数十家广告公司，以及世界各地的设计和广告代理公司分享了自己的想法，吸引了大量听众到场。他和博达大桥广告公司（Foote, Cone & Belding）的执行总监马修·威尔科克斯（Matthew Willcox）的对话也引起了媒体的大规模讨论。很多营销、广告人纷纷转载了他的研究成果，并用来改善自己的品牌和营销策略。

以不变应万变的心理学传道士，传奇还在继续

　　奥尔特最大的成就在于他发现了小线索给人们带来的大影响，成功地将心理学应用于商业社会，比如，我们可以通过改变风暴的命名方式来增加飓风后的救灾捐款数额；通过饮料的冷热来影响人们观影的热情。

　　今天，有一个不可忽视的情况是，我们所在的整个世界都在发生改变。无论是暂时的还是永久的，席卷全球的新冠肺炎疫情几乎完全改变了我们生活、工作和娱乐的各个方面。奥尔特提醒我们，虽然人们的行为模式在大流行等重大事件后确实会发生变化，但持续的时间往往比我们预期的要短。那么，在大流行后的未来，有哪些"新常态"将继续持续下去呢？我们又将如何应对这些变与不变？奥尔特正不遗余力地运用社会心理学知识向大家传授该如何驾驭这些持续的变化，并提高我们的生产力，获得更多快乐和成就感。

"粉红色让人变弱"不是偏见，是科学

在学术期刊《分子行为精神病学》（*Orthomolecular Psychiatry*）1979 年的最后一期上，亚历山大·修斯（Alexander Schauss）教授发表的一篇文章激发了狱警、足球教练和愤怒的父母们的想象力。

修斯做了一个简单的实验：在光线充足的实验室里放着两大块彩色纸板，此外另有 153 名健康的年轻男性以及一名研究员。这些男性逐一走进房间，参加一场不同寻常的力量测试。实验开始了，一半的受试者凝视深蓝色的纸板，另一半则凝视粉红色的纸板。过了一分钟，研究员请他们将手臂平举向前，他则用力压他们的胳膊，使之落回身体两侧。等受试者们恢复力气之后，研究员记下若干简短笔记，接着要他们互换纸板颜色再凝视一分钟，然后重复力量测试。

两次测试的结果惊人地一致。除了两个例外，其他人在凝视粉红色纸板之后力量明显减弱了，不太能顶得住研究员施加的向下的压力。与此相反，凝视蓝色纸板对受试者的力量没有影响，无论受试者是在第一轮还是第二轮力量测试时看蓝色纸板，他们的力量都没有发生变化。粉红色似乎让人暂时力竭了。

为了证明结果并非出自侥幸，修斯又进行了第二轮实验。这一次，他使用了更准确的力量测试仪器，请 38 名男性受试者用力挤压名为"测力计"的装置。凝视过粉红色纸板后，这 38 人在挤压测力计时，力量无一例外地变弱了。

修斯开始在全美各地的公共讲座上描述粉红色神奇的麻醉力量。在一次电视录影节目中：肌肉发达的加利福尼亚健美先生轻而易举地做了几轮二头肌负重弯举，但凝视了粉红色纸板后，他连一次弯举都做不了。既然粉红色有这样神奇的效果，修斯建议，狱警们应当考虑把暴力犯罪的囚犯关在粉红色的牢房里。于是，西雅图美国海军惩教中心的两名指挥官把一间牢房刷成了粉红色。在整整 7 个月的时间里，准尉吉恩·贝克 (Gene Baker) 和上尉罗恩·米勒 (Ron Miller) 亲眼看到新来的犯人愤怒、激动地进入粉红色囚室，15 分钟之后就平静了下来。一般而言，新犯人爱惹是生非，但根据狱警们的报告，在 7 个月的试验期内没有发生过暴力事件。

出于对这两位"勇吃螃蟹"的执法人员的钦佩，人们把他们所用的颜色称为"贝克－米勒粉"(Baker-Miller Pink)，全美其他地区的监狱也开始把特别禁闭室刷成相同的泡泡糖色调。在加利福尼亚州圣何塞的一家拘留中心，粉红色囚室对一些年轻犯人的削弱影响特别大，管理人员每天只能把他们关在里面几分钟。后来，规模较小的县级监狱也开始把狂暴的醉鬼关进粉红色囚室，于是这种颜色又得到了一个别名："酒牢粉"(Drunk Tank Pink)。

到了 20 世纪 80 年代初，"酒牢粉"引发了一次小小的流行文化轰动。修斯发现，不堪重负的精神科医师、牙医、内外科医生、教师和家长们纷纷把墙壁刷成了粉红色，公共住宅也把内墙刷成粉红色，有报告称，暴力行为的发生率急剧下降。公交公司在公交车里安装了粉红色的座椅，以预防打砸抢行为。"联合劝募协会"(United Way) 的慈善工作人员穿起了粉红色的制服，他们报告说，捐赠者们捐献的金额比通常要多两三倍。科罗拉多州和艾奥瓦大学的橄榄球教练把客队的更衣室刷成了粉红色，想削弱对手们的斗志，逼得当地的运动大会作出了主队和客队更衣室必须一致的规定。达拉斯牛仔队的长期教练泰克斯·施拉姆 (Tex Schramm) 打电话给修斯，询问自己的球队是否应采纳相同的策略。拳击台上的弱势选手开始穿粉红色的短裤，有时甚至能击败比自己强得多的对手。

"酒牢粉"异军突起，成了一系列棘手难题的解决方案，比如如何应对好斗、多动症和焦虑，甚至如何制定竞争策略。进入 20 世纪 90 年代后，这种颜色让学术界产生了强烈的兴趣，尽管一些研究人员发现，支持最初效应的证据并不充分，但零星例证始终时有出现。修斯仍然把"酒牢粉"称作"非药物性麻醉剂"，而且，在这种颜色急剧增多的 30 多年以后，他每年仍能接到数十次采访与咨询。

　　本书试图破解"酒牢粉"以及其他数十种无形力量对我们的思考、感受和行为方式的影响力的秘密。有些因素，就像"酒牢粉"一样，是凭空出现的流行文化传奇。另一些，比如阳光和美女，则从来都在民间智慧中占据着突出的位置，尽管民间智慧在理解人类行为复杂性方面往往力有不逮。还有一些因素，比如我们给孩子和新成立的公司起的名字，则像是隐居于闹市的"隐者"，在日常生活中指引着我们的思想，而我们却完全不曾意识到它们的影响力。理解这些力量不仅可以满足我们无聊的好奇心，更可以驾驭它们以获取成功，或防患于未然。它们中有些能推动我们作出更明智的决策、达成更幸福的结果，另一些则能破坏我们对健康及福祉的不懈追求。这些心理学家称为"暗示力"的力量来自三个不同的世界：围绕我们的广阔物理世界、让我们彼此连接的社会世界和潜移默化地进入我们头脑的微小暗示构成的精神世界。我们每一个人，都是外部世界、社会世界和内心世界的持续综合作用的产物，而这三个世界，也都有着塑造我们一切思想、感受和行为的无形力量。

你了解暗示力在生活中的作用吗?

- 一个顺口的名字很大可能会给上市公司带来更多投资,这是真的吗?

  A. 真

  B. 假

- 体育比赛中,裁判更愿意判穿红色队服的一方胜利,这是真的吗?

  A. 真

  B. 假

- 只考虑天气和温度的因素,新拍的爱情电影选择哪个季节上映票房表现会更好呢?

  A. 春天

  B. 夏天

  C. 秋天

  D. 冬天

扫描左侧二维码查看本书更多测试题

DRUNK
TANK
PINK

PART 01

外在环境的暗示力

第 1 章

01

颜色：

用对颜色就能提高效率和胜算

神奇的警察蓝效应

在新千年之交，苏格兰格拉斯哥市政府偶然间发现了一项能够显著预防犯罪的措施。政府官员雇用格拉斯哥的一家建筑承包商，在城市中各个明显位置安装了蓝色电灯，以美化城市环境。从理论上说，蓝灯比常用的刺眼的黄色和白色照明灯的灯光更悦目，更能让人心情平静，而且蓝灯投射的光芒确实更柔和舒缓。几个月过去了，格拉斯哥的犯罪统计人员发现了一个明显的趋势：沐浴在新型蓝色灯光下的地区，犯罪活动急剧减少。正如西米德兰兹郡的警察部队用绘有人类眼睛的广告牌来遏制犯罪[1]一样，格拉斯哥的蓝色灯光模仿了警车顶上的警灯，似乎暗示这里始终有警察在巡视。蓝色灯光并不是被专门设计来遏制犯罪的，但却帮助人们达到了这个目的。

有关蓝色灯光神奇的震慑力量的消息很快流传开来。日本奈良县的警察在几个犯罪高发地区安装了152盏蓝灯。犯罪率下降的幅度非常惊人，下降了9%。蓝灯还带来另一个意想不到的好处：一度困扰日本的火车站和十字路口的自杀行为彻底消失了。在2006～2008年，日本东海旅客铁路公司和西日本铁路公司沿线竟然未曾报告一例自杀事件。就连乱扔垃圾的行为，在

---

[1] 关于眼睛的力量，详见第4章。

有蓝色灯光照明的地区似乎也有所减少，人们惊喜地发现，灯光的颜色是治愈好几种最顽固的社会弊病的良药。依此逻辑，一些企业的智囊团甚至建议，将威慑犯罪团伙的标准照明设备配置为皮肤科医生用来检查青少年皮肤痤疮的粉红色灯光。要离间青少年犯罪团伙成员，还有比强调其面部缺陷更好的办法吗？

　　在一片欢腾中，研究人员开始怀疑蓝色灯光与上述报告之间的联系。有人认为，蓝灯比黄灯或白灯更亮，能吸引更多的关注，因此，人们只是到灯光更昏暗的地方去犯罪、自杀和扔垃圾了。蓝灯之所以能够遏制不良行为，仅仅是因为"蓝色"本身，还是因为蓝色更能吸引人们的关注呢？对此，研究人员仍然有所怀疑。但若干严谨的研究表明，蓝色确实对人类的身体有着明显的影响。

实验
故事

　　在一项研究中，两位研究人员参观了加拿大蒙特利尔的一家锯木厂。锯木厂工人先将木材划分等级，然后将评级后的木材切割成建筑项目所使用的板材。如果工人出错，就会给锯木厂造成很大的损失。许多锯木厂是通宵开工的，有时候，工人被迫昼夜倒班。这种时间安排对工人的昼夜作息节奏影响很大，就像人们从一个时区飞往另一个时区便会产生时差反应一样。经验丰富的国际旅客都知道，时差反应一出现，人便很难抵挡睡觉的冲动。对倒班的工人来说，同样的疲惫状态也造成了很多事故。

　　研究人员接触了一队倒班工人，并提议使用一种新颖的低成本补救方式：用蓝绿色灯光照明。蓝绿光波是最短的可见光波，能引发一系列调节昼夜作息节奏的生物机能。自然光里富含此类蓝绿色短波，出于这个原因，阳光就是治愈时差的天然妙方。为了测试自己的理论，研究人员购买了若干特殊的灯具，让夜班工人工作时沐浴在蓝绿色的光芒下。次日早晨下班后，工人们戴上特殊的琥珀色眼镜，隔绝所有的蓝绿色光，让他们的身体误以为自己白天工作，晚上下班。这个方法的效果非常明显。到了实验的第 4 天，大多数工人都感觉自己更加敏锐，失误率从 5% 降到了 1%。

轮流倒白班和夜班的人并不多，但据说类似的问题影响着全世界几百万人，如季节性情感障碍（seasonal affective disorder，SAD），也称冬季抑郁。患有季节性情感障碍的人往往一到冬天就会长期陷入沮丧、无精打采的情绪之中，这也在很大程度上解释了为什么此病只影响了 1% 的佛罗里达州人，却影响了 10% 的新罕布什尔州人。在众多解决方法中，蓝绿光疗法独具一格，因为它干扰最小，患者只需要买一盏特殊的灯具和灯泡就行了，花的钱只比标准台灯多一点。许多研究人员都证明了这一疗法的有效性：它与真正的日光具有相同的效果，可以减少抑郁症状，为身体注入新的能量。这项研究非常复杂、严谨，但色彩疗法最初兴起的时候可没有这么讲究。

蓝绿光波是可见光中波长最短的光线，能够引发一系列调节昼夜节奏的生物机能，是调节时差的绝佳解药。

色彩科学的"不科学"发展史

极少有人会对量子物理学、脑外科、有机化学存在强烈的直觉，因为这些领域技术性太强，容不下幼稚的理论和误导性的见解。如果没受过相关的教育，便无法在这些领域发表意见，因为物理学家、外科医生和化学家关注的是类似夸克、弦、神经元和分子这样的抽象概念。相比之下，色彩学主题生动鲜明、无人不知，就算是新手，也能对颜色影响人类心理有一套基本的说法。20世纪 40 年代初，色彩科学的奠基人科特·戈德斯坦（Kurt Goldstein）曾在演讲中说过："颜色影响有机生命,这不需要特殊的证明。看看周围万物丰富的色彩,人立刻就能意识到这个事实。"

早期的色彩疗法与戈德斯坦的说法一样不科学。1938 年,《马萨诸塞州职业治疗协会期刊》(*Bulletin of the Massachusetts Association for Occupational Therapy*) 上发表了一篇论文,把伍斯特州立医院的一位护士及其助手对患者的观察当成科学规律刊发了出来。他们称,洋红色能对烦躁的患者起到短期的镇静作用,蓝色有类似但更持久的效果,黄色和红色则会刺激抑郁、沮丧的患者。这种观察很有趣,但严格的实验结果并不支持这些结论。

在 20 世纪 40 年代中期,两名军队外科医生推出了一系列"极光电影",这是针对抑郁症及炮弹休克症患者的一种新色彩治疗法。这种影片结合了千变万化的迷幻色彩和舒缓的音轨,其中一些还包括由宾·克劳斯比(Bing Crosby)专门谱写的歌曲。影片让患者如痴如醉,这可能是因为其色彩丰富,但更可能是因为电视刚刚走进人们的生活。

根据一份报告,伴着颜色纷飞的画面,克劳斯比唱着《走我的路》,观众完全沉浸其中。患者 A 在第二次世界大战的最后几年曾在北非和南欧待过。1944 年 12 月,他受了伤,并在最初尝试"极光疗法"的医院里痊愈。在他看影片之前,医生形容他"非常困惑、激动、不安、不修边幅"。他爱哭,说话像个孩子,常产生"鲜明的幻觉和宏伟的幻象"。1945 年 10 月,在负伤近一年后,两名看护将穿着拘束衣的患者带到医院播放"极光电影"的屏幕前。一路上,他试图攻击另一名患者,看护不得不用尽全力制服他,但等电影一开始,患者 A 就变成了另一个人。他说话连贯而有礼貌,静悄悄地看完了电影,首次表达了想回家的念头。电影结束时,距离他先前暴力发作不过 1 个小时,他安静、自觉地回到房间。此后,患者 B、C、D、E、F 等也加入了,他们在看完"极光电影"后都镇定了下来,在治疗结束后进行总结时,他们每个人都说,自己因为电影"漂亮的颜色"而得到了抚慰。

影片中的一些东西的确发生了作用，但没人费心去核实起作用的到底是斑斓的颜色还是屏幕上颜色旋转的方式，黑白影片是否同样有效，或者，其实音乐才是主要因素。最终，"极光疗法"走上了和其他许多风行疗法一样的道路：失宠。

同一时期，医生菲利克斯·多伊奇（Felix Deutsch）描述了一连串引人注目的案例研究，把浑水搅得更浑。在一个案例中，一名来找他的女病人受心动过速和气短的折磨。她的静息心率每分钟高达 112 次，比每分钟 72 次的理想水平高 40 次。多伊奇将病人安排在一个红色房间里，进行了 4 轮简短的疗程。首轮疗程后，患者的脉搏从每分钟 112 次降到了 80 次。到 4 轮疗程完毕时，她的脉搏降到了 74 次，而且在治疗结束很久以后都保持了这个水平。她解释说，红色的房间给人一种温暖的感觉，缓解了多日来折磨她的窒息感。多伊奇很高兴，但另一位血压极高的病人又为他的故事平添了几分复杂度。这名患者待在一间绿色房间里，但效果同样神奇。7 轮疗程完成后，她的血压从250/130 降到了 180/110。虽然后者仍然不健康，但已经脱离了危险（正常指标是 120/80）。红色的温暖安慰了一位病人，绿色的凉意却安慰了另一位患者，由于未能进行细致的检验，多伊奇无法解释为什么两种明显对立的颜色却带来了相同的治疗效果。有一种可能性：患者不是对治疗本身，而是对一位和善而虔诚的专家的关注产生了积极的响应。若干年前，其他心理学家曾将这种现象称为"霍桑效应"（Hawthorne effect）。工人们在名为"霍桑工厂"（Hawthorne works）的地方工作，不管研究人员是调亮还是调暗车间的照明，工人们干活都更卖力、更勤奋了。

很明显，车间的照明无关紧要；关键在于，从前一直为管理层忽视的工人，突然成了注意的焦点，于是他们便给予了热情的回应。归根结底，多伊奇的发现并未确认红色或绿色房间能减缓心率、降低高血压，只能说明，如果患者希望病情好转，有时会对任何形式的治疗产生反应。

较之"极光电影"和单纯靠碰运气的色彩治疗时代，当今的色彩科学研究更为丰富、严谨。按如今的色彩心理学家所说，颜色能在人类作决定的过程中发挥重大作用，原因有二。第一，颜色会从身体上影响我们，比如，锯木厂工人的生理时钟在蓝绿色灯光下比在黄白色灯光下能更好地得到调整。第二，我们把颜色与充斥着地球的每一种可想象的令人愉快和不愉快的事物相联系，这或许可以解释为什么在日本和苏格兰地方政府推出了模仿警灯的蓝色街灯后，犯罪率下降了。

颜色如何影响我们的身体机能

1921 年，瑞士心理学家赫尔曼·罗夏（Hermann Rorschach）推出了一种在此后流行了 50 多年的心理测试。患者在进行罗夏测试时，需要描述自己在 10 幅墨迹图片中看到了什么，这些墨迹看起来像飞蛾，又像人类或者其他动物。如果患者用了很长时间才察觉到某幅墨迹图像里是两个人在互动，据说便存在社会焦虑；如果患者从另一幅墨迹里看到了一个凶恶的男性，据说便与男性或权威人士相处困难。自从心理学家们引入了更高级的替代品，这种不可靠的测试就没那么流行了，但在此之前，它为一连串迷人的色彩实验铺平了道路。

在 20 世纪 50 年代，两位心理学家注意到，一小群精神分裂症患者会对罗夏测试里的两种墨迹产生独特的反应。在展示了这两幅图片后，研究人员还在等待回应，患者却陷入了所谓的色彩震撼，被吓得魂不附体，并出现了恍惚的状态。和其他图片不一样，这两幅图像由小的红色斑点及大片黑色印迹组成。有着色彩元素的图片并不只有这两幅，但这两幅图像里刺眼的红色激起了患者不同寻常的反应。心理学家感到很好奇，就设计了一个实验。

在实验中的房间分别有白色和红色光源，两种光源用两套独立的开关控制。他们招募了近百人参加实验，其中一半是附近大学的学生，作为"正常"组，另一半是附近州立医院的精神分裂症患者。每一组都沐浴在白色和红色光源下进行了一系列测试，实验人员测量了人们在两种光下的表现差异。测试之一是 30 秒钟的震颤测试，实验人员要参与者尽量保持完全静止，测试他们的手是否在颤抖。在红色灯光下，两组人的颤动都更大一些，但这种效应对一小群精神分裂症患者表现得尤为明显。他们中有些人颤抖得完全失去了控制，抱怨自己心跳加速，感觉被灯光"震撼"了。另一些人则抱怨自己肚子不舒服，还有人喃喃自语："我的一部分大脑、心和肾本来是跟神在一起的，但在这种灯光下就不行了。"这场体验显然把他们吓坏了，房间沐浴在红色灯光下时，有人痉挛，还有人小便失禁。

第二轮研究在只接触红色灯光的"正常"男性中产生了类似的结果，这表明造成古怪反应的原因并不是非白色灯光带来的陌生感。这一次，跟蓝白灯光比起来，灯光呈红色的时候，参与者们更焦虑，敌意更强。他们的视觉皮层（大脑对颜色起反应的部分）在红色灯光下更为活跃。他们的心率和血压也不断升高，这表明红光具有强大的影响生理的效果。

红色环境不仅会提升我们体内的血流速度和神经系统反应能力，似乎还会改变我们看待外部世界的方式。一位研究员讲述了一个患有小脑疾病的妇女如何挣扎着直立行走的情形。根据早期观察，如果没有墙壁或是其他人的帮助，她走路会步态不稳、摇摇晃晃，有时还会眩晕甚至跌倒。有些时候，她的眩晕会让整个人都变得衰弱，在眩晕没那么严重时，她行走才不会那么艰难。在医生的帮助下，她逐渐意识到，如果穿着红衣服，她会晕得特别厉害。要是她穿蓝色或绿色的衣服，则会较为平静，症状也会随之消退。

同一位研究人员还描述了其他类似的案例，由此他相信，红色是一种真正的生理威胁。就算是对未患病理失调症的人，红色也有同样的生理影响。人们在红光下写字似乎比在绿光下更不稳定，用红墨水写字时也不如用黑色、蓝色或绿色墨水连贯。如果有人让他们评估棍棒和其他物体的长度及重量，人们在绿光下得出的结论比红光下要准确许多。他们在红光下似乎染上了"视物显大症"和"视物显小症"，也就是认为物体比实际上大或小的错觉。

这些效应不光有趣、迷人，还影响着我们每一天的生活体验。除了在科学实验室里外，红色作为网页的背景色同样影响着人们。在一系列实验中，人们认为等待红色或黄色网页加载，比等待蓝色页面加载更心烦。这种烦乱的心绪让他们失去耐心，所以会认为黄色和红色页面加载的时间比蓝色页面要长，尽管两者的实际加载速度相同。后来，他们还说，自己不太可能将红、黄色页面的网站推荐给朋友。

透过心率提高、时空感知扭曲的迷雾，研究人员试着努力解释为什么红色会"煽动生理叛乱"。颜色科学无非是用数字做文章，比较人对不同颜色的房间、灯光、计算机监视器如何反应，但有时候，最惊人的见解却来自简单的口头回应。几十年来，研究人员一直在询问测试对象，为什么对红色的反应如此强烈。数十名测试对象都说，红色让人心烦，因为它让人想到鲜血，由此又会想到受伤、疾病甚至死亡。颜色对我们的影响之所以强大，不仅是因为我们对它们有生理上的反应，更因为它们让我们想到了体现颜色的物体：红色的血、蓝色的天空、黄色的太阳、绿色的草。

颜色如何塑造我们的联想

近一个世纪前，一位日本心理学家对儿童的色彩偏好产生了好奇心。人是在多大年纪养成强烈的色彩偏好的呢？他们能够解释自己为什么喜欢某些颜色多过另一些吗？这些解释准确吗？儿童是很难检测的受试者，所以，一开始，研究人员给他们一些彩色蜡笔。尽管研究人员继续关注着孩子们的色彩偏好（大多数孩子喜欢的是三原色：红、黄、蓝），但他注意到，在实验开场的互动中，孩子们画的图画里有些很有趣的事实。孩子们并不是想到什么画什么，而是用不同的颜色绘制不同的物体。他们几乎总是用黑色蜡笔画建筑物、汽车和其他无生命的物体，很少用黑色蜡笔来画人、动物或自然场景。而彩色蜡笔则被用来画人和动物，显然，孩子们是把鲜艳的色彩和生命挂钩的。

世界各地的人们对同一种颜色有着很不一样的联想，这表明这些联系既是内置的生物偏好，同样也是环境的产物。世界上大多数人喜欢蓝色，即所谓的"蓝色现象"，这也是因为人们普遍地会把蓝色与晴朗的天空、平静的海洋联系起来。少数几个将蓝色与悲伤联系起来的地区对这种颜色的偏爱度也较低。在美国，人们喜欢黑色，大概是因为他们将其与力量、阳刚之气联系在一起，但黑色在哥伦比亚不怎么受欢迎，因为它暗示着悲伤和拘谨。色彩联想在食物领域尤为强大，红色意味着樱桃、苹果、牛羊肉的美味多汁，紫色意味着哪里出了问题。除非你喜欢吃阿萨伊浆果，这是少数几种呈紫色的天然食物之一。

不管色彩是会直接影响我们的身体，还是会促使我们联想到相关的概念，它们都塑造着我们在多种背景环境下的想法、感受和行为。正如本章其余部分所示，有时候，同一种颜色在不同的背景环境下会带来截然不同的效应。红色交通信号灯、停车标志、闪光灯提醒驾驶员要提高警惕，而这种红色也会激发人们想到浪漫的激情和喜爱之情。事实上，在生理上和情绪上最能操控人类的莫过于爱情与性了。一些心理学家着手研究了哪种颜色能带来最大（或最小）的成功交配的可能性。

红色为什么能代表爱情

新兴的在线约会市场如今仅在美国就狂揽了 10 亿美元。随着市场走向成熟，网上交友者了解到了非常重要的几点：在拟定强大简历的同时，也要避开使粗心用户出师不利的诸多陷阱。2009 年年底，约会网站 OkCupid 发布了一份报告，介绍了在线约会该做什么、不该做什么。例如，如果约会人使用网络语言，发送诸如 "ur"（"you are" 的缩写）、"r"（are）和 "u"（you）的信息，得到的回复不到 10%，而平均回复率约为 32%。"最近怎么样"比较成功（53%），但"嗨"比直接提问要乏力，表现差劲不少（回复率仅为 24%）。

OkCupid 的报告并未提及色彩问题，但一些热心的社会心理学家接手了这份工作。哪种色彩能将求爱成功的概率最大化，很难直接看出。蓝色是世界上最受欢迎的颜色，灰色和黑色与主导地位及权力相关，绿色应该能让人感到舒缓，红色则跟流行文化里的爱情相关。

**实验
故事**　　有一项实验是这样的：5 个年轻姑娘在法国著名的布列塔尼半岛附近搭便车，另有几名藏起来的观察员在一旁监控，确保安全。姑娘们一整天都在换衬衫，从一大堆黑色、白色、红色、黄色、蓝色和绿色衬衫之间随机挑选。女司机没有特别的倾向，不管搭车姑娘们穿什么颜色的衬衫，只有 5% ～ 9% 的女司机会停车。男司机则更体贴，也对颜色更敏感：姑娘们穿黑色、白色、黄色、蓝色或绿色衬衫时，只有 12% ～ 14% 的人会停车，可如果姑娘们穿红色衬衫，却能拦下 21% 的车。由于只有男性受红色左右，研究人员们认为，红色只是增强了浪漫魅力，而不是普遍地增强了无关性别的、柏拉图式的吸引力。

两年后的一场类似的实验证明了上述结果并非偶然。64 名在某个交友网上发布了广告的法国妇女答应参与一项为期 1 年的研究，以对这个问题进行检验。每名妇女创建的广告上都贴着她上半身穿着纯色 T 恤的彩色照片。在这 9 个月中，广告没有任何变化——除了妇女 T 恤的颜色。每隔两星期，实验人员就调整每名妇女上衣的颜色，从前述搭便车实验中所穿衬衫的 6 种颜色中随机挑选。之后，妇女们会记录自己收到的数千名感兴趣的男性发来的电子邮件，研究人员则耐心观察和等待。和搭便车研究一样，妇女们穿红色 T 恤时更受欢迎。在这 9 个月里，她们穿着黑色、白色、黄色、蓝色、绿色 T 恤时的电子邮件到达率为 14% ～ 16%，穿红色 T 恤时电子邮件的到达率为 21%。

为了解释红色为什么能增强性魅力，研究人员回到了低等动物的世界，在这个世界里，大量展示红色的动物往往能获得性方面的成功。这种关系背后的原因，对雌性和雄性来说有所不同。雌性动物会在生殖器、胸部和面部展示鲜明的红色区域，表明自己在生理上进入了适合交配的时期。随着雌性临近排卵期，它们体内的雌激素水平会升高，促进血液流动，反过来让皮肤变红。和低等动物一样，女性临近排卵期，以及性兴奋或性唤起的时候，也会出现皮肤发红的体验。故此，电影《红衫泪痕》、《电话谋杀案》和《欲望号街车》中的蛇蝎美人都穿着红裙子，小说家纳撒尼尔·霍桑笔下的海丝特·白兰也被迫戴着红色（而不是绿色、蓝色或者黑色）的"A"字来向人昭示自己淫乱的过去。与此同时，红色的心代表浪漫的情人节，红灯区的工作者们抹着红色的唇膏和胭脂来招揽业务。一般而言，红色象征性和魅力，既是出于生物学上的原因，也是因为我们已经在文学和流行文化中将红色与性联系了起来。

在低等的雄性动物中，红色是健康、活力、地位和生殖力的标志。例如，雄性山魈的脸上和生殖器上都有红色部分，而且，雄性头领的这些区域尤其鲜艳。这种鲜艳的深红色能将片脚类动物、刺鱼、雀鸟、狮尾狒狒以及大量其他物种里的头领和其他性地位较低的雄性区分开来。人类也存在类似的倾向，在不同的时代和文化里，占主导地位的男性会用醒目的红色抹脸，穿鲜艳的红外衣。古罗马最强大的男人叫作"coccinati"，字面意思是"穿红衣的人"，他们穿着鲜红色的衣服，将自己和平民区分开来。即使在今天，贵宾和显要人物也会走上红地毯，而群众则在灰色混凝土的外场喝彩。

> **如果你想吸引异性，红裙子和红衬衫能为你加分不少。**

既然进化轶事表明红色对男女两性都应具有吸引力，两名社会心理学家决定检验一下红色区域是否能增强男女的性魅力。

实验
故事

他们让一群异性恋男女给照片中的人物所表现的异性吸引力打分。在一轮实验中，研究人员把照片中的男女穿的衬衫、毛衣换成了红色或其他颜色。如果照片中的人穿着红衣服，这张照片会获得更高的吸引力得分。不管打分的学生是来自美国、英国、德国还是中国，结果都是这样，这表明上述效应并不仅仅是因为某些文化里存在有利于红色的偏差，而对人产生了影响。此外，穿红衣的男女并非在所有尺度上都获得了更高的得分。比如，他们似乎并没有变得更讨人喜欢、更友善或者更开朗。相反，他们似乎只是变得更具性魅力，更能吸引性关注。

在另一项实验中，研究人员给男性看了一张穿红衬衫（或蓝衬衫）的女性的照片，之后把男性们带进一个房间，几分钟后让两人见面。与此同时，实验人员要男性安排两张椅子，好方便两人进行谈话。为了表现亲密，如果女性穿着红衣服，男人会让两把椅子靠得更近，相隔 1.5 米左右，如果女性穿着蓝衣服，椅子会离得略远，相距约 1.8 米。不过，倘若要异性恋男性评价其他男性的魅力，或者要异性恋女性评价其他女性的魅力，这种差异就消失了。简言之，红色衬衫似乎只能让人对潜在的配偶表现得更具魅力。

在工作和学习中胜出的色彩奥秘

人在不寻找浪漫伴侣的时候，大部分时间都在工作，而职业成功的一个重要因素是智力水平。在描述学术造诣时，大部分的经典故事会说这是优良基因、抚养环境、大量辛勤工作的产物，可很少有人把环境色彩也列入相关因素。但这里，色彩其实扮演着惊人的重要角色。首先，人们更容易记住彩色而非黑白照片里展现的地方，而记忆力又是智力表现的重要因素之一。按研究这一现象的心理学家所说，较之黑白影像展现的场景，我们能够将彩色的同一场景深深地埋藏到记忆里，并在日后更有效地检索。从某种意义上说，回忆就像是漂浮在我们意识海洋里的鱼，如果我们朝海里投下大量鱼钩，钓到旧日回忆的可能性就更大。色彩是一枚挂着美味诱饵的特大鱼钩，相比之下，黑白回忆要模糊许多。

彩色回忆比黑白回忆更便于检索，但不是所有的色彩对智力表现都有着同样的效果。学生们对考试和作业上的红色墨水感到害怕，美国和澳大利亚的一些州甚至禁止教师使用红墨水批改作业。喜欢黑色或蓝色墨水的专家认为，红墨水已经和失败、批评产生了千丝万缕的联系，所以看到一张纸上满是红色，很可能会感到泄气。部分反对者则认为，这一项政策管得太宽，完全没有必要。澳大利亚昆士兰州的一位保守政治家就形容这一政策"古怪、糊涂、神经"。这项政策可能的确有点糊涂和古怪，但它同时也获得了大量学术研究的强烈支持。

| 实验故事 | 在一项研究中，研究人员让一群大学本科生修改一篇作文，并告知他们这是一位正在学习英语的学生所写的。事实上，它是研究人员编出来的，文中故意插入了一些错误。研究人员要大学生们把所有拼写、语法、词汇和标点符号上的错误找出来。一些学生随机选择了蓝笔来修改作文，另一些学生则随机选择了红笔。尽管学生们读到的文章是完全相同的，但使用红笔的学生平 |

均找到了 24 项错误，使用蓝笔的学生平均只找到了 19 项错误。在后续研究中，学生们被要求阅读一篇提倡实地考察的文章，研究人员仍然随机要求他们使用红色或蓝色笔来给作文打分。平均而言，使用红笔的学生给文章打了 76 分（百分制），使用蓝笔的学生则平均打了 80 分。"不可用红笔打分"的政策或许有些古怪，但要是学生们的分数在红墨水的审查下偏低太多，他们要求改用蓝墨水评分也无可厚非。

遗憾的是，红墨水也是一柄双刃剑，它能从一开始就让学生们的表现更糟糕。研究人员进行过一轮具有里程碑意义的系列研究，较之接触黑、绿、灰、白色的学生，接触到红色的学生所得的考试分数更低。在一些研究中，学生们在完成 15 道拼字谜题前，要先用红色、绿色或黑色的笔写出自己的实验编号。字谜要求学生将字母串（如 NIDRK）重新组合，变成英语单词（本例中可改为 DRINK）。用红色笔写出自己实验编号的学生，回答问题的正确率平均比用黑色或绿色笔的学生低 22%。在另一些研究中，试卷的第一页被设计为红色、灰色、白色或绿色。同样，如果学生拿到首页为红色的试卷，他们在好几场考试中的得分都比拿到灰色、白色或绿色首页的学生要低。在一场测试中，他们解出的数字推理题（例如，请写出接下来的数字：18，16，19，15，20，14，21，____；答案是 13）比其他学生少 18%；在另一场测试中，他们回答的类比题（例如，"昂贵"对"稀有"，正如"廉价"对 ____；答案是"常见"）比其他学生少 37%。

我们应该花些时间来比较这些微妙的色彩操纵所带来的影响的强度。学生们整天学习，家长花大价钱找人给孩子进行专业辅导，哪怕是家境优越的勤奋孩子，当发现自己的拼命努力和付出的血汗钱让自己的考试成绩在学区里提高了 37% 时，恐怕也会欣喜若狂。与此同时，这些研究却表明，用蓝色或绿色笔换下你的红笔，或者用不同的颜色替换试卷的红色封面，就能带来类似的效果。

虽然研究人员发现了上述结果，但这个故事还有一个重要的转折。对一些与智力相关的任务，红色引导回避心态的倾向，却恰好有利于相应的思考方式。回避往往与警惕相关，所以，如果我们进入更加警惕的思维方式，会更容易解决需要注重细节的问题。举个例子，在一项研究中，学生们在校对文字错误、记忆单词表的时候，如果这些任务印刷在红色背景上，学生们会比任务印刷在蓝色背景上时更机警。在这里，警觉和回避心态促进了成功。而在另一些考察创造力的实验中，研究人员得到的结果和前面几例相同，因为回避状态往往会扼杀创造性思维。故此，结论是：

> 在不需要警觉、不需要关注细节时，红色会让你的学业表现不佳，但如果恰好需要警觉、需要关注细节时，红色又能提高你的成绩。

离开学校和学习成绩的世界，色彩在体育舞台上也有明显的影响。精英运动员之间的差距极其细微，哪怕增长一点额外的肌肉或参与一堂额外的训练课往往足以决定胜负。但从精英运动员投入训练的所有努力来看，体育专家们一直忽视了色彩在体育舞台上所发挥的作用。根据一项研究结果，有时候，夺得奥运金牌和两手空空之间的区别，竟然可以归结为运动员是穿了红色还是蓝色衣服。

队服颜色与竞技体育的胜负息息相关

参加 2004 年雅典奥运会的 6 名运动员——摔跤手伊什特万·马约罗斯（Istvan Majoros）、阿图尔·塔伊马佐夫（Artur Taymazov）、郑智铉，拳击手亚历山大·波维特金（Alexander Povetkin）、奥德兰尼尔·索利斯（Odlanier

Solis）和跆拳道选手文大成，有两个重要的共同点：这6个人都曾在各自的赛事里保持不败并夺得金牌，在他们进行四分之一决赛、半决赛和决赛之前，奥运官员都曾随机分配他们穿红色赛服，而对手则穿蓝色赛服。在竞技体育的世界，运动员们会因为迷信而不洗幸运内衣，我们很难无视这样的巧合。两名人类学家指出，胜利与红色之间的关系远不止随机侥幸那么简单。

研究人员开始收集2004年雅典奥运会上古典式摔跤、自由式摔跤、跆拳道和拳击比赛的结果。在总计457场比赛中，他们记录下每一场比赛里穿红衣的选手对阵穿蓝衣的选手时的胜负情况，结果十分惊人。在这4项运动里，红衣选手赢得的比赛比蓝衣选手更多，总体而言，红衣选手的胜率是55%。在与对手旗鼓相当的时候，这一效果尤其明显，毕竟从理论上说，这种时候，哪怕是最微不足道的因素都有可能打破平衡。在这种时候，红衣选手赢得了62%的比赛。奥组委一方面想方设法地禁止运动员服用能提高比赛成绩的兴奋药物，另一方面却要求运动员穿上能提高比赛成绩的红色赛服，这可真够讽刺的。

红色为什么会有着像心理类固醇似的作用，表面上是看不出原因的。它的作用显然并非来自物理上的帮助，因为红色赛服跟蓝色赛服在面料及尺码方面没有区别，那么，就只剩唯一的可能性了：看到红色，人们的想法不同，行为也不同。这跟穿红色具有配偶优势的原因类似：红色在生物和进化层面上与统治地位及攻击性挂钩。动物在打架的时候会血管扩张、肢体充血、面色发红，因此，穿红衣的选手会自觉比穿蓝衣的选手更占优势，而穿蓝衣的选手则认为穿红衣的对手攻击性特别强，且占据主动。由于拳击和摔跤等格斗比赛的结果部分是由选手的主动性、攻击性和心理优势所决定的，因此，比赛的结果便微妙地偏向穿红色赛服的选手了。

虽然红衣选手可能觉得自己比蓝衣对手更主动、更成竹在胸，但决定比赛结果的裁判也要对这一效应负一定责任。

一些运动心理学家发现，裁判确实会因为选手的赛服颜色而产生动摇。在一项实验中，研究者请来 42 名跆拳道专业裁判为一系列跆拳道较量评分，一名选手身着红色护具，另一名选手身着蓝色护具。裁判按照世界跆拳道联合会的正式比赛规则来进行评判，击中对手的脸，选手得 2 分；击中对手的身体，得 1 分；若违规击打，则扣 1 分。规则的目的是保持客观性，所以，在理想情况下，两名裁判对同一击打给出的分数应该是一样的。

一半的裁判按照比赛的原始视频画面评分，也即一名选手用红色护具，另一名选手用蓝色护具的场面。与此同时，研究人员用技术手段调整了视频画面，所以另一半裁判看到的是完全相同的视频，只是两名选手的护具颜色调换了。这样一来，原来穿红色护具的选手，现在换上了蓝色护具，而原本穿蓝色护具的选手，现在换上了红色护具。如果裁判对颜色不敏感，那么，不管选手穿什么颜色的护具，他的得分都应该一样，可研究人员发现的结果并非如此。原始视频中身着红色护具的选手平均得了 8 分，而蓝色护具的对手则平均得了 7 分。衣服颜色调换之后，红衣选手（原始视频中的蓝衣选手）赢得了比赛，平均得分变成了 8 分，对手则变成了 7 分。因此，裁判给穿着红色赛服的选手判定的分数更有利，哪怕选手表现完全相同（只是换了衣服的颜色）。

在职业团体比赛的世界，有一种颜色似乎比隐含攻击性的红色更强大。20 世纪 80 年代中期，托马斯·吉洛维奇（Thomas Gilovich）和马克·弗兰克（Mark Frank）两位社会心理学家分析了美国国家冰球联盟 21 支球队以及美国国家橄榄球联盟 28 支球队的处罚记录。他们特别关注了冰球联盟和橄榄球联盟里 5 支穿黑色球衣的队伍。这些球队的球衣，50% 以上的面积为黑色。不光有一群学生感觉这些球衣特别邪恶，而且，穿着这些球衣的队伍受到的处罚也比穿浅色球衣的队伍更多。与此同时，20 世纪 70 年代后期，匹兹堡企鹅队和温哥华加人队把队服（本来并不是黑色）换成黑色以后，几乎立刻就开始受到更多的处罚。匹兹堡队在 20 世纪 70 年代穿非黑色球衣的时候相对礼貌，每场比赛会被罚时 8 分钟，但换了新的黑色队服后，他们迎来了一个大量挨罚的时期，每场比赛被罚时长达 12 分钟，这个记录只有同样穿黑色队服的费城飞人队可与之匹敌。研究人员认为，这样的结果有两种可能的解释，他们为这两种解释都找到了证据：人们穿黑色衣服时行为更具进攻性；在裁判和观众眼里，就算穿黑色衣服的人和穿灰衣、白衣的人做的举动是一样的，也是前者的进攻性显得更强。

这些结果表明，在职业体育的世界，保证公平性非常困难。就算两名对手并未使用类固醇、兴奋剂以及其他能提高成绩的非法辅助手段，分配到红色赛服的幸运选手也会获得明显的优势。同样，穿着诱导进攻的黑色球衣的队伍似乎不免会闯入禁区。这些结果不光表明，我们周围的世界在无形中塑造着我们的思考、感觉和行为方式，还说明构建一个公正、不偏不倚的世界是多么困难。红色制服能带来不公正的优势，黑色制服能唤起不必要的攻击，蓝色和白色制服则会激发相对温和的行为。

色彩的道德隐喻

不需要花太多心思，人们就能将体育中的颜色与道德观念联系起来：红色意味着主导地位；蓝色意味着温和。在一个痴迷肤色的世界里，关于颜色与道德观念的最具破坏力的认知大概是：黑色意味着残酷，白色意味着纯洁。考虑到这些联系，如果强制运动员穿深浅不同的灰色衣服，体育比赛会变得更公平吗？很遗憾，就算是使用这样乏味的办法，也只解决了问题的一部分，因为"亮"和"暗"也有不同的干扰性内涵。如果让你来选择，用"亮"和"暗"来分别代表美德、道德、高贵，以及邪恶、不道德和卑鄙，你会怎么选呢？

如果你像大多数美国人、德国人、丹麦人、印度人，甚至中非洲的恩登布人（Ndembu）一样，你可能会把"亮"跟道德联系起来，把"暗"和不道德联系起来，这些联系是很自然地从周围的世界中得出的。白雪无瑕，而灰尘和泥土会玷污它的纯洁；一滴黑漆会毁了一整桶白漆，可一整桶黑漆，完全不会为一滴白漆改变色调。这些自然的关系，为黑暗与狠毒邪恶、白色与脆弱纯洁之间的比喻关系输送了养分。

为了给这一论断增添些实证分量，这两位社会心理学家指出，人很难将白色与善良、黑色与邪恶之间的关联互换。为了探讨黑色与道德的关系，研究人员采用了一种常见的实验测试，名为"斯特鲁普任务"（Stroop task）。为了让你感受一下斯特鲁普任务的运作方式，请看以下 3 个单词。你的任务是说明每个单词分别是用什么颜色写的。

RED | **BLUE**

在你读着"红"和"蓝"这两个词的时候，正确地回答出"黑"和"白"并不容易。斯特鲁普任务要我们忽视文字的表面含义，转而关注文本的颜色，把我们可以流畅阅读的优势变成了一项弱点。实验人员巧妙地调整了斯特鲁普任务，以另一项实验说明我们常常将白色和美德、道德联系在一起，将黑色与罪恶、不道德联系在一起。

实验故事　　在下面这个典型的实验中，研究者要求参加实验的学生判断下面的文字是用白色还是黑色写的。

作弊／美德 | 罪恶／勇敢

学生毫不费力地说明"作弊"是用黑色所写，"勇敢"是用白色所写。经过了多年来将黑色与不道德、白色与道德所做的关联，他们受了引导，感知到"道德"的文字是白色的，"不道德"的文字是黑色的。但指出"美德"是用黑色所写，"罪恶"是用白色所写，他们明显费力许多，因为这样的搭配不符合他们多年来形成的关联。

人们指出"罪恶"这个词是用白色所写、"美德"是用黑色所写的速度慢，这个实验结果重要吗？这些神秘的结果对我们的生活而言意味着什么呢？想象一下，这次你不是看着这4个抽象的词语，而是坐在陪审团席上，看着一个被控犯下重罪的被告。如果你将黑色文字与"欺骗"联系起来的速度比将其与"勇敢"联系起来的速度快，你或许也会更容易将黑人被告与欺骗联系起来。同样，如果你将白色文字与"美德"联系起来的速度比将其与"罪恶"联系起来快，你说不定就很难将罪恶的概念与白人被告联系起来。这些结果可不仅仅意味着有趣，它们暗示了警察更容易截停、扣留并最终逮捕黑人男子而非白人男子的一个原因。此外，孩子们并非天生就歧视黑人，他们要到四五岁时，才会首次在白色与美德、黑色与邪恶之间形成关联，在此之前，完全没有证据显示他们对黑色存在偏见。当然，人们形成有害成见的原因有很多，但这些结果说明：

> **黑色与不道德之间的关联，有可能潜移默化地助长了歧视黑人的偏见。**

色彩塑造了我们在不同背景环境中的想法和行为，有时候，在不同的环境下，同一种色彩也会带来不同的效果。红色放射出吸引力的信号，鼓励浪漫关系，但同时也在进行脑力劳动时令人警觉和敏锐。蓝色能阻止潜在罪犯的犯罪意图，也能减缓疲惫和季节性抑郁症的症状。这些效应中有一些来自人类生物学：红色能充当"媒人"，因为它是性唤起的标志；蓝灯能通过模拟自然阳光的特性，阻止诱人入睡的褪黑素的产生。其他的效应则利用了联想关系，蓝色能震慑罪犯，似乎是因为它让人想到了警车上的蓝灯；红色能提高人的警惕性，则是因为它让人想起了停车标志的颜色，以及救护车上闪烁的灯光。

　　色彩虽然具有这么大的力量，它们却仅仅是我们生活在其中的物理环境的因素之一罢了。物理环境在其他方面也有千差万别，比如是否存在自然景观，是否存在噪声，居住的城市是否过度拥挤。地理位置的有些特点对我们有益，但另一些特点却构成了令人感到压抑的环境，它们会扰乱我们的思维、影响我们的情绪，还会妨碍我们的行为。

第 2 章

02

环境：

舒适的环境让人善良，也让人懒惰

拥挤和噪声带来的伤害

第二次世界大战结束后日军离开香港时，留下了一座摇摇欲坠、面积约有6个足球场大的围城。难民进入了这一建筑，住在数以百计的临时窝棚里，直到 20 世纪 60 年代，政府才在这里修建了水管和高大的水泥公寓楼。人们将这个地区称为"九龙城寨"，它成了人口过剩的象征。城寨里的许多公寓比一张办公桌大不了多少，巷道仅有一米来宽，大部分地方都笼罩在永恒的黑暗当中。医生和牙医非法执业，三合会开设妓院、赌场和鸦片馆。到了 1987 年，九龙城寨这座迷你城里的居民数量攀升至 33 000 人，人口密度是当时人口最为稠密的摩纳哥的 75 倍。按照同样的密度，美国小小的特拉华州就足以容纳整个地球的人口了。

20 世纪 60 年代中期，在九龙城寨的人口暴增后没多久，来自英国牛津一家医院的两名研究人员让一群年轻患者参与了一项具有争议性的实验，实验内容和人口过分拥挤有关。

实验 故事	在这个实验中，研究人员排查了医院的病房，找到了 15 名 3～8 岁的儿童，其中一些孩子患有孤独症或严重脑损伤，还有一些是健康的孩子。每天，孩子们聚在房间里"自由玩耍"，但

研究人员有意识地将他们分成小群体。有时，研究人员会保证房间里同时玩耍的孩子不超过 6 名，这对房间的大小来说正合适；另一些时候，他们让十多个孩子同时在房间里玩耍。在孩子们玩耍的 15 分钟里，护士和研究人员会进行观察并记录其行为。和预料中一样，患有孤独症的孩子很少跟其他伙伴互动，但房间里人数太多的时候，他们待在房间的外围的时间会更长。如果房间里只有三四个玩伴，患有孤独症的孩子平均只会在房间外围待 3 分钟，但如果房间里有十多个孩子，孤独症孩子待在外围的时间立刻会跃升到 8 分钟。

健康的孩子和脑损伤的孩子在人口过分稠密的房间里也不见得好多少。如果人数较少，他们会开心地玩上 10 分钟，但如果房间里人太多，他们就只在一起玩 5 ～ 6 分钟。同时，房间里人数少时，孩子们争抢玩具和打斗的时间很少超过 30 秒，可是如果房间里塞满了人，他们吵闹的时间会延长到 4 分钟。有两个孩子甚至因为撕咬玩伴而被看管起来。

在过分拥挤的房间里只待了几分钟，合群的孩子就开始对他人有了敌意，而焦虑的孩子则加倍退缩。

牛津这家医院的研究颇具开创性，但它留下了大量未被解答的重要问题。他们的观察结果仅适用于这项研究的受试者（一小群受暂时或持续性心理创伤折磨的儿童）吗？还是说，这些结果也适用于更广泛的群体，比如身体机能完备的健康成年人？为了回答这些问题，一大群心理学家和建筑师对马萨诸塞州和宾夕法尼亚州 3 所大学的 8 000 名大学生进行了两项实验。有的学生住在高密度的塔楼里，有些住在中等密度的公寓大楼里，还有些人住在人口密度较低的宿舍里。研究人员使用两种微妙的技术来衡量学生是否与邻居建立了强大的社会纽带。他们在建筑里随意散发了一系列盖了邮戳、写有地址的信封，让人以为这些信件是在送到邮箱的路上遗失的。他们把这些信件丢弃在显眼的地方，学生们不可能错过它们。有的学生看到信件，就以为是舍友们遗失的，并友好地代为寄出，这是暗示社交亲密的一个小小姿态。研究人员于 4 小时后返回，他们发现在低密度的宿舍里，100%的信件都被寄了出去；在中等密度的公寓里，87%的信件被寄了出去；在高密度的塔楼里，只有63%的信件被寄了出去。

在另一座密度存在类似差异的公寓大楼中，研究人员安放了捐赠箱，请住在里面的学生将用过的牛奶盒放在里面，供艺术项目使用。他们计算了公寓住户捐出的牛奶盒数量，同样发现，高密度大楼里的居民不怎么乐于助人。在低密度和中等密度的大楼里，55%的学生捐出了牛奶盒，而住在高密度大楼里的学生只有37%的人捐出了牛奶盒。这些结果表明，高密度的生活会影响人们的慷慨度，另一些研究人员则证明，过分拥挤还会引发精神疾病、药物上瘾、酗酒、家庭解体以及整体生活质量的下降。

> 高密度的居住环境不但会让人变得冷漠与吝啬，还会引发心理疾病、家庭解体以及生活品质的下降。

极度拥挤还与幽闭恐惧症有关，有幽闭恐惧症的人会害怕封闭空间或人口非常密集的空间。有一些恐惧症是由人过往的经历造成的，比如害怕数字13的13恐惧症、街道横穿恐惧症等，与此相比，幽闭恐惧症似乎是天生的。幽闭恐惧症患者与数千年前蜷缩在黑暗小洞穴里的祖先们一样，害怕小而黑暗的空间。我们天生对个人空间有所要求，这就是人为什么会对短暂而意外的身体接触产生强烈的反应。在一项研究中，营销专家帕科·昂德希尔（Paco Underhill）暗中拍摄了浏览一家大型百货商店货架的购物者。有一些货架的过道特别狭窄，购物者停在较窄的过道浏览商品时，往往会被其他挣扎着想通过货道的人推挤。几秒钟后，驻足浏览的顾客感到非常不安，大半都离开了商店。昂德希尔事后询问了一些顾客，他们完全没意识到自己离开商店是因为被他人推挤，但实验结果已经证明了这一点，并且也提出了解决方法：如果过道足够宽敞，能避免哪怕是轻微的碰撞和"臀部摩擦"（这是昂德希尔的叫法），那么顾客留在商店里的可能性会变大。

　　过度拥挤还会带来噪声问题。研究人员发现，日常生活中持续的嗡嗡声会扼杀创造力、阻碍学习。20 世纪 70 年代初，心理学家走访了曼哈顿上城区的 4 栋 32 层的公寓楼。这些公寓正对着 95 号州际公路，那是东海岸最繁忙的高速公路之一。公寓里住着 73 名小学生，每天都能听到高速公路车流发出持续的隆隆声，高达 84 分贝。有些量表将 84 分贝划入了 "非常响亮" 的范畴，这么大的音量跟一辆没有配备消声器的卡车或者一座闹哄哄的工厂发出的声音相当。长时间暴露在该强度的噪声之下有时甚至可能损伤听力，而这噪声哪怕在公寓里听起来也震耳欲聋。住在较低楼层的孩子们承受的噪声强度比住在高层的孩子们高了近 10 倍。因此，研究人员在进行听力测试的时候发现，在较低楼层住了至少 4 年的孩子们，几乎很难分辨发音类似但意思迥异的单词，如 "gear"（齿轮）和 "beer"（啤酒）、"cope"（应付）和 "coke"（可乐）这样的单词。如果说话声音低，或者受背景噪声影响，他们就难以区分这些单词。

　　研究人员推断，听力较差的孩子参与谈话的可能性较低，因此也就有更大的概率出现智力问题。这正是他们发现的情形：与同龄的孩子相比，在较低楼层居住多年的孩子还会在阅读方面遇到困难。最令人痛心的是，如果孩子在该建筑里住了 6 年以上，研究人员只用一个问题就能惊人地准确预测其阅读分数："你住在几楼？" 由于噪声的影响随着时间的流逝越来越大，研究人员得以排除了其他的可能性，比如住在较高楼层的居民更聪明、更富裕或是更关注孩子的教育。长时间地将孩子暴露在杂乱的噪声下（哪怕是来自城市生活的背景噪声），也足以妨碍孩子的智力发展。

　　　　让儿童暴露在嘈杂的噪声下，会妨碍孩子的智力发展，扼杀他们的创造力和学习能力。

过度拥挤和噪声污染都是较新出现的问题，几百年前，工业革命的号角尚未吹响，发电机、发动机也未出现，那时候，这两个问题几乎还不存在，可突然之间，大城市取代了零散的城镇和村庄，修建这些城市的机器本身又会带来大量噪声。面对这些现代化的问题，最好的解决办法往往是这样的：把世界还原成它们先前的样子。接下来的内容里你将读到，有一名研究人员发现，医院里只隔了几间病房的几位病人，痊愈的速度完全不同。对于这位研究人员来说，上述问题的解决方案就呼之欲出了。

自然环境是疗愈的灵丹妙药

宾夕法尼亚州的帕奥利是离费城不太远的一座小镇，镇上有一家本地的郊区医院，帕奥利纪念医院。这家医院的恢复病房正对着一个小院子，病人们就在这排病房里修养。20世纪80年代初，一名研究人员参观了医院，收集了1972～1981年间胆囊手术患者的信息。胆囊手术很常见，一般也并不复杂，但在20世纪70年代，大多数患者做完手术后都要在医院待上一两个星期才能回家。有些患者恢复所需的时间比较长，这名研究人员想知道，医院病房之间的细微差别是否能够解释恢复速度上的差距。医院的有些病房对着一堵砖墙，而离走廊较远的病房则对着一小排落叶乔木。除了景观不同，病房的其他条件完全一样。

研究员看到患者的恢复时长表后非常惊讶：面对树木的患者的痊愈速度比面对砖墙的患者快许多。平均而言，面对砖墙的患者至少需要多住院一天，他们的心情也更抑郁，体验到的痛苦也更多。护士记录下了每名患者的4条负面评论，如"我需要多多鼓励"和"不安、哭泣"，而面对树木的患者在住院期间一般只留下了1条负面评论。与此同时，那些面对树木的患者中，极少有人在住院期间索要一剂以上的强力止痛药，面对墙壁的患者却至少索要了两三剂。除了窗外的景观，病人们在医院里接受的是大体上相似甚至完全相同的治疗。每一名面对树木的患者都对应着一名面对砖墙的患者，所以，患者的年龄、性别、体重、吸烟与否、主治医生和护士的情况都得到了尽量严格的控制。既然如此，那么唯一的解释是，面对树木的患者能更快地痊愈，是因为他们运气好，住在了有自然景观的房间里。

这些结果令人惊讶，因为自然环境的影响如此之大，比其他许多针对性治疗的干预效果还要大得多。从一些测量指标上看，那些面对自然景观的患者的数据，要比面对一堵墙的患者好4倍。如此明显的结果往往会引人怀疑，但大量的研究都表现出了类似的效应。这些研究中的一项是这样的：两位环境心理学家联系了337对家长，他们带着孩子住在纽约州北部的5个农村地区。研究人员对每一户家庭的"自然氛围"进行打分，自然景观、室内植物、院子里有草坪都是加分点。有的孩子在成长的过程中承受的压力很小，很少跟人打架，在学校也很少受到惩罚，但另一些孩子却时常受人欺负，或是跟父母相处困难。研究人员又测量了孩子们的幸福度，他们发现，经常遇到问题的孩子很痛苦、缺乏自尊心，但如果生活在更贴近自然的环境当中，他们的幸福度就不会降低。大自然的存在似乎减缓了他们所承受的压力，而这些压力给住在人造环境中的孩子造成了很大的困扰。

另一群研究人员还做过更直接的测试，他们采访了100对子女患有注意障碍（attention deficit disorder, ADD）的家长，向他们提出了这样的问题：孩子们是怎样应对不同的游戏活动的？患有注意障碍的孩子往往焦躁不安、心烦意乱，但家长们报告说，"绿色的活动"，比如钓鱼和足球，能让自己的孩子进入更为放松和专注的状态。不光是从事室外活动的孩子更开心、更爱与朋友们互动且更为活跃，事实上，就连坐在有自然景观的房间里的孩子，也比在室外的人造环境（没有树木和草地）中玩耍的孩子更平静。

> "亲近大自然"不只是一句口号，它能让病患更快痊愈，让心烦意乱的孩子更平静。

自然环境和人造环境的区别在哪里呢？宁静的街道景观为什么就起不到与宁静的自然景观同样的效果呢？建筑也有独特的魅力，与自然环境相比，有人更喜欢城市环境，但为什么反而是自然有着这么强大的恢复作用呢？答案是：自然环境拥有一系列特点，与人造环境明显不同。20世纪初，现代心理学巨匠威廉·詹姆斯（William James）就解释过，人的注意力分为两种不同的形式。第一种形式是定向注意力，让我们能把焦点放在严苛的任务上，比如驾驶和写作。读书也需要定向注意力，如果你感到疲惫，或是一次性阅读了几个小时，你会发现自己开始走神。

第二种形式是不自觉注意力，它来得很轻松，不需要额外的精神努力。詹姆斯解释说，"奇怪的东西、动人的东西、野生的动物、鲜艳的东西、漂亮的东西、文字、风、血液，等等"自然而然地吸引了我们的注意力。大自然存储了你的精神机能，就像食物和水存储在你的身体里一样。日常生活中的事务，例如躲避车流、盲目作决策和判断、与陌生人交往，都是消耗性的活动。大自然把人工环境从我们身上夺走的东西找了回来。你可能会说，这有点神秘，这个说法不科学，但它的核心其实来自心理学家所说的注意力恢复理论（attention restoration theory）。按照这一理论，城市环境让人心力憔悴，因为它们强迫我们把注意力集中在具体的任务上（如避免迎面而来的车流），随时都在攫取我们的注意力，一个劲儿地逼迫我们："快看这儿！""快看那儿！"这些任务耗尽了我们的心力，而自然环境中则没有它们的身影。森林、溪流、河流、湖泊和海洋，它们很少对我们索取什么，尽管它们同样生气勃勃、千变万化、引人注目。自然景观和城市景观之间的区别在于它们对我们的注意力的索取程度。人造景观用连续的刺激轰炸我们，自然景观则给了我们选择的自由（你愿意多想就多想，愿意少想就少想），我们这才有了补充耗尽的心智资源的机会。

> 都市景观不断以各种刺激轰炸我们，自然景观则让我们有机会放空思想，让我们逐渐被耗尽的心智资源获得补给。

实验故事

21 世纪初，100 多名倒霉的荷兰学生参加了一项旨在揭示大自然精神恢复能力的实验。学生们进入实验室，坐在屏幕前面，屏幕上开始播放从恐怖电影中节选的片段。先是一个女人砍掉了一只公鸡的脑袋，接着是绵羊和公牛在屠宰场里被宰杀。两名素食的学生被这场面吓坏了，他们立刻离开了房间并拒绝再回来，其余的学生也盯着屏幕呆若木鸡、不知所措。视频结束后，学生们屏住了呼吸，研究人员又开始播放第二段视频。幸运的是，第二段视频没那么压抑，描述的是一个人在 7 分钟的步行时间里看到的景色，学生们通过视频假想自己在城市或林中步行。

一些学生看到的是穿过荷兰的一片森林时看到的风景，另一些学生看到的则是在荷兰城市乌得勒支街道上的情形。看完视频后，那些假想自己穿过了森林的学生报告说，自己感到好受多了，更加放松，也没有那些想象自己走过城市空间的学生那么愤怒。他们还变得更警醒了，研究人员要他们进行在不相关的符号里寻找特定字母的任务时，他们完成得更好了。由此可见，光是要学生想象自己漫步在自然环境中，就足以抵消恐怖电影带来的攫取人注意力的压抑影响。

日本和德国的治疗师早就开始宣传自然疗法的好处。他们意识到，在 99.99% 的历史里，人类都住在自然环境中。日本的自然疗法名叫"森林浴"，该疗法要求患者长时间地在森林里穿行，在乡野氛围下吸入树木散发出的香味。德国的克奈圃疗法（Kneipp therapy）也要求患者在林间空地进行体育锻炼。这些替代疗法并非无聊的文化怪癖，研究人员发现，患者真的获得了大量的益处。比如，和在城市地区穿行的人相比，接受森林浴的患者血压、脉搏和皮质醇水平较低，这些都是压力减少的标志。接触到自然风光的人不光更快乐、更舒服，构建他们生理福祉的模块也对自然治疗作出了积极的响应。

自然环境能带来宁静舒适感的一部分原因是，它们让人进入了低压力水平。我们大多数人压力通常来自考验和磨难，比如职场上的勾心斗角、交通堵塞、孩子在国际航班上哭闹不休，相较而言，自然环境的压力温和得多。一定的刺激有利于人的成长和发展，但对于极端的压力，我们就应对乏术了，我们会从良性压力（好的压力）的舒适地带进入负面压力（不好的压力）的危险区域。自然环境，哪怕是繁忙的自然环境好处都极大，就连医生也开始建议说，它们或许提供了一种廉价而有效的方式来帮助人们减缓某些癌症带来的痛苦。

一些研究人员称，新近诊断出患有乳腺癌早期的女性，如果在连续两个月内每周都沉浸在自然环境里两个小时，就能非常完美地完成极具挑战性的脑力劳动任务。确诊之后，自然干预就开始了，在手术过后的恢复期里也是如此。和许多刚开始跟与性命攸关的疾病作斗争的患者一样，在确诊后的短暂时期内，这些女性压力重重，很难进行复杂的脑力劳动。一段时间后，待在自然环境里的人的精神状况会得到逐步改善，并会逐渐恢复将注意力投入严苛的脑力劳动中的能力；而没有接受自然干预的患者，在整个测试期间都很难进行类似艰巨的脑力劳动。恢复注意力显然和痊愈不是一回事，但头脑更清晰的患者，往往能更好地应对治疗、坚持治疗方案，并在恢复过程中表现得更积极。

自然环境能给人带来宁静舒适感，因为它们让人进入了低压力水平。

遗憾的是，自然环境在地球上所占的比例越来越小，数以百万计的城市人口居住在远离森林、湖泊和海洋的地方。我们每天都要面对纷繁芜杂的城市景观，比如广告牌、标志以及其他书面素材，最近有人估计，我们每天要处理成千上万条此类书面信息。8～18岁的孩子和青少年尤其要面对这样的信息超载，他们几乎把每一分钟的休息时间都拿来看电视、玩智能手机和电脑了。研究表明，在缺少自然恢复时，人类大脑会采用超速形式来应对这种杂乱局面，大脑会比正常时更快速、更清晰、更深入地对环境进行扫描，直到疲劳强迫人回到浅层精神处理的稳定状态。正如下面游戏节目的两名参赛者所示，这种调动更多精神资源的能力，有时会被环境中的微妙线索触发。

越不舒服，越能深入思考？

《百万富翁》（*Who Wants to Be a Millionaire*）是史上最成功的电视游戏节目之一，它也是一个观察人吞吞吐吐、苦思冥想（也就是人努力理解信息的过程）的大好地方。这套节目有100多个国际版本，但不管是哪一版，参赛者都要回答越来越困难、对应的奖金也越来越高的琐碎问题。美国版《百万富翁》中最出名的两位参赛者是约翰·卡本特（John Carpenter）和奥吉·奥加斯（Ogi Ogas），两人都拿到了巨额奖金。

1999年11月19日，卡本特成为美国版《百万富翁》中第一位赢得100万美元奖金的参赛者。节目主持人里吉斯·菲尔宾（*Regis Philbin*）向卡本特提出了最后一个价值100万美元的问题：以下哪一位总统在电视节目《爆笑》（*Laugh-In*）里亮过相——林登·约翰逊、理查德·尼克松、吉米·卡特还是杰拉尔德·福特？卡本特笑了笑，要求给父母打电话。使用这条"生命线"意味着卡本特自己被问题难住了，需要"打电话给朋友"求助。通常情况下，参赛者打电话给朋友，会在 30 秒的时间限制里急匆匆地提出问题，希望自己选择的朋友能帮上忙，而这一天，卡本特用了一种非常不同的策略。菲尔宾让卡本特提问时，他开口道：

> 嗨，爸爸……我不是真需要你帮忙啦，我只是想要你知道，我马上就要拿下 100 万美元的大奖了……因为上过《爆笑》节目的总统是理查德·尼克松。这是我的最终答案。

卡本特说得没错，他在看到问题的那一秒就知道了答案。他脸上掠过的一抹微笑，这就是顺畅（顺利而轻松）的心理活动的标志。他的长期记忆里有一个小地方存放着理查德·尼克松和《爆笑》节目的联系，他毫不费力地想到了答案。卡本特回答这个问题的轻松程度，就像菲尔宾要他大声回答出自己叫什么名字，或者算出 1+1 等于几一样。

卡本特潇洒演出的 7 年之后，认知神经科学家奥吉·奥加斯也一路闯关，来到了价值 100 万美元奖金的最后一个问题前。节目的新主持人梅莉蒂丝·维埃拉（Meredith Vieira）问奥加斯：以下哪一艘船不属于波士顿倾茶事件中殖民者掀翻的三艘船——埃莉诺号、达特茅斯号、海狸号还是威廉号？奥加斯苦苦思索，你可以看出他正在长长的记忆走廊里疯狂翻检。在 4 分钟的思考过程中，他逐缩小了选择面，就在他几乎决定回答"威廉号"之前，一个更为保守的想法冒了出来，他对自己说，何不拿着已经赢得的 50 万美元立刻走人，而不是冒着答错的风险，只拿着可怜巴巴的 25 000 美元狼狈收场呢？对风险的厌恶差一点就让他错过了赢得 100 万美元的机会。后来，奥加斯描述了这段经历：

> 我立刻冒出一种直觉，波士顿倾茶事件里有一条被掀翻的船是达特茅斯号。我立刻根据达特茅斯号开始思考，把它当成引导词。我对自己一遍遍默念着这艘船的名字。渐渐地，另一艘船的名字出现在我的脑海里，回应着达特茅斯号：海狸号……然后，隐隐约约，像午夜

湖上月亮的倒影，第三艘船的名字在我的脑海里淡淡地显出了痕迹：埃莉诺号……

我突然眨了眨眼睛，我意识到我在摇晃自己的椅子，还有观众席上的嗡嗡声……直觉？你在想什么啊？！你在拿整整一栋房子冒险啊！你不可能知道这个神秘问题的答案！没有直觉这回事！

"我相信我能拿走奖金。这就是我的最终答案。"

摇晃的椅子、观众席上的嗡嗡声，这些都是挑战他信心的环境触发因素。奥加斯突然意识到，把47.5万美元押在预感上，太过冒险了。面对环境带来的不顺畅的体验，他停顿了一下，开始考虑更为保守的路线。卡本特和奥加斯的不同经历表明，不顺畅往往是判断信心程度的一个有效指标。卡本特的答案出现得很顺畅，大有自信的本钱；奥加斯的答案则吞吞吐吐，没有那种确信自己正确的轻松感。我曾与其他3名心理学家进行过一系列实验，测试人们是否会因为"不顺畅"而为问题投入额外的脑力。大部分时间里，我们可能是认知的吝啬鬼，会尽量少思考，可我们不是随时如此。如果环境要求我们付出更多的心力，一定会有些提示告诉我们要思考得更深入些。

在世界上，我们处理的大部分信息都来自由字母、单词、句子、段落构成的连贯语句。大多数时候，这些信息片段便于阅读，因为设计师已经精挑细选了字体和字样，好让印刷文稿清晰、易读；可有时候，出于这样或那样的原因，人们也会在印刷书面信息的时候选择难以阅读的字体，其作用就有如奥吉·奥加斯所坐的那把摇晃的椅子。这样一来，这些字体就扰乱了伴随着人们大部分思考而来的遐想。尽管大多数书面文字都印刷清晰，使用的字体也很常见，比如，"Times New Roman""Arial""Courier"和"Calibri"，可也有些人会使用花哨的复杂字体，比如，"*Vladimir Script*"和"**Haettenschweiler**"，或者"*Gigi*"和"*Kaufmann*"。广告商依靠这些字体，使自己的信息在竞争对手的信息中突显出来，因为一般而言，竞争对手会选择简单、清晰、常见的字体来印刷信息。举例来说，"Helvetica"就是一种广泛使用、可读性极强的字体，纽约地铁和数十家公司的标志都选用它作为标志文字，如雀巢公司、美国航空公司、德国汉莎航空公司、AA美国服饰公司和吉普公司，但如果环境特点让使用复杂字体印刷的文字变得超级难读，人们的想法会有什么样的变化呢？

<table>
<tr><td>实验
故事</td><td>

我和同事们试图解答这个问题。

在我们设计的实验中，我们请学生回答3道脑筋急转弯题目，它们来自一套名为"认知反应测试"的智力量表。这些题目相当难，因为人们下意识想到的答案都是错的。可人们会很自然地想到这些错误的答案，就像约翰·卡本特回答价值100万美元奖金的那道题时一样。有耐心的人最终能意识到答案是错的，他们要付出额外的脑力劳动，才能得出正确的答案。以下是测试里的一道题：

球棒和球总价为1.10美元，球棒的价格比球贵1美元，请问球多少钱？

大多数人会本能地得出结论：球棒1美元，球10美分，但如果你仔细想想，会发现这个答案是错的。是的，两者加起来是1.10美元，但球棒只比球贵90美分。正确的答案是（只要运用基本的算术就能验证）：球的价格是5美分。很多人答错了这道题，完全是因为他们是认知的吝啬鬼，他们缺乏耐心，忙着进入下一份要耗费精力的任务。

在实验中，我们猜想，"不顺畅"能否提示人们，需要在这个问题上多进行一些思考呢？所以，我们把答卷的一半用清晰的字体印刷，另一半用灰色的斜体小字印刷，再交给学生们回答：

球棒和球总价为1.10美元，球棒的价格比球贵1美元，请问球多少钱？

不出所料，在文字难以阅读的时候，人们答对3道题的概

</td></tr>
</table>

率更高。平均而言，看到灰色字体的人，答对了 2.45 道题；而看到清晰字体的人，只答对了 1.90 道题。后来，我们又在复杂的逻辑题里看到了相同的效应，这再次说明，如果用不流畅的字体印刷题目，人们得出正确答案的概率更高。

充斥在现代生活中的复杂字体就像是报警信号一样，提醒我们动用额外的精神资源来克服这种阅读困难。和其他的警报一样，它也存在缺陷。虽然我们看到警报之后就知道该进行更加深入的思考，但它让我们变得更加保守，因为它同时也暗示着环境里存在风险，或是有危险出现。

不流畅和风险之间的这种联系，或许能解释我与认知心理学家丹尼·奥本海默（Danny Oppenheimer）发现的一个现象：2008 年 8 月，人们在 Grouphug.us 网站上写的忏悔书越发坦率。该网站邀请人们分享匿名忏悔，换取读者同情的拥抱。有些忏悔很坦率，而另一些则要隐晦许多，匿名几乎没有效果。2008 年 8 月之前，该网站的文本显示方式很不流畅，暗黑色的背景映衬着与其对比不强的文字（见图 2-1）。

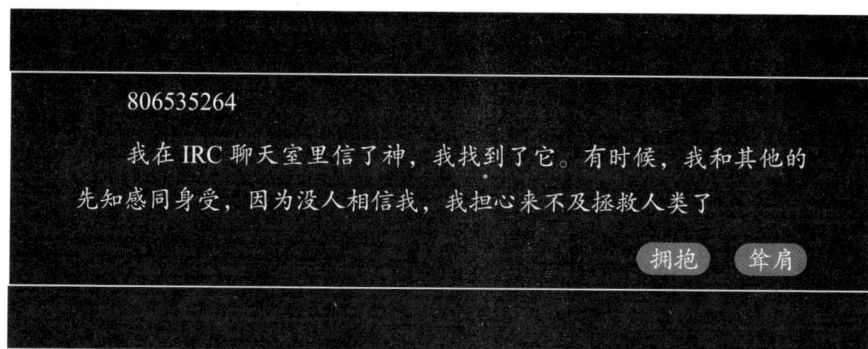

806535264

我在 IRC 聊天室里信了神，我找到了它。有时候，我和其他的先知感同身受，因为没人相信我，我担心来不及拯救人类了

拥抱   耸肩

图 2-1　黑背景忏悔书

2008 年 8 月，该网站的创办人做出了改变。他决定加深文本颜色、调亮背景，也就是标准的黑色文字配白色背景（见图 2-2）。

图 2-2 白背景忏悔书

这样一来，网站上的文字更容易阅读了，提交忏悔的用户获得了顺畅的精神体验。我和奥本海默梳理了该网站的忏悔书，我们发现，在网站创办者采用了更顺畅的新格式之后，人们的忏悔变得更坦率了。在其他的研究中，我们发现，面对印刷清晰的字体，人们更愿意暴露个人的缺点。面对白色背景里的浅灰色字体，人们暴露的意愿会随之降低。

那些用来防止人们暴露个人信息的警报信号，同时也能提醒不道德问题的存在。举个例子，请想象一下，有人给你讲了以下这个颇具争议性的关于烹饪的故事：

> 有一家人的狗被路过的车撞死了，他们听说狗肉好吃，于是就把狗剥了皮，煮熟后当晚餐吃掉了。

这家人没有做任何伤天害理的事（狗已经死了），但大多数西方人认为，吃宠物狗在道德上很成问题。如果我请你按 0 ～ 10 分给这家人的行为打分，0 分指他们在道德上完全没错，10 分指在道德上错得离谱，你会给他们打多少分？弟弟和姐姐火热接吻呢？这种行为错到何种程度？假设双方都同意接吻行为，他们没有伤害任何人，人们除了说"感觉不对"或者"触犯了更高层的人伦规范，逾越了规矩"外，很难发现这其中有多少道德问题。

心理学家西蒙·拉汉姆（Simon Laham）、杰夫·古德温（Geoff Goodwin）和我请人们给这些行为的不道德性打分的时候，也趁机设计了两种不同的文本显示方式。对一些评分人，我们在灰色背景上描述此种行为；而对其他人，我们使用了更容易阅读的文本。下面，我用例子来分别说明这两种格式。

采用难以阅读的格式印刷道德逾矩行为：

> 一位高中老师在课堂上焚烧了美国国旗。

采用易于阅读的格式印刷道德逾矩行为：

> 一位高中老师在课堂上焚烧了美国国旗。

当采用不易于阅读的格式印刷时，人们普遍相当反感这些逾矩行为，并在道德量表上打了 9 分或 10 分。稍后，逾矩行为换用易于阅读的格式印刷时，分数就降到了 7.5 分。因为后者的逾矩行为很容易阅读，评分者对它的解读表明，后面的违规行为在道德上的冒犯性不那么强。

现代城市环境中充斥着书面文字，它们塑造了我们的思考深度，影响了我们向他人敞开心扉的难易程度，以及我们判断他们的行为是否符合道德的标准。正如不顺畅的体验让我们更深入地思考，环境里的其他线索也能让我们判断该如何在新环境下行事。我们就像能融合到背景里的变色龙一样，能不自觉地采用合适的行为，实现恰当性与有益性的平衡。

环境可以操纵人的善恶

人工照明是现代化的一大奇迹，它模糊了延续数百万年的黑夜与白昼的界限，让人类找到了一种将黑暗变成光明的可靠办法。现在的人们都认为照明是理所当然的，我们在刚进入房间时几乎不会注意到室内是否安装了照明用具。我们需要花费一些精力和注意力才能让目光转移到天花板上，看看灯泡是白炽灯、卤素灯还是荧光灯，进而判断灯光是亮一些还是暗一些会让我们更舒服。虽然我们很容易忽略房间的亮度，美国最高法院的大法官路易斯·布兰代斯（Louis Brandeis）却用一句话道出了真相："据说，阳光是最好的消毒剂。"

**实验
故事**

在最近的一篇论文中，3 名心理学家着手检验了布兰代斯的论断是否成立。他们请北卡罗莱纳大学的学生参加了一项实验，他们有机会赚到最高可达 10 美元的报酬。学生们要在 5 分钟里尽力完成 20 道数学题，每一道题都要求他们从 12 个数字里找出 3 个相加等于 10 的数字。问题很耗费时间，需要大量精力。表 2-1 是一道例题，你可以感受一下题目的难度。记住，学生们只有 5 分钟时间，却要完成 20 道题目。

表 2-1　例题

1.03	1.96	2.69
1.21	2.44	3.27
4.77	5.98	5.02
3.57	5.74	2.33

每名学生都是在同一个小房间里完成实验的，但对于一部分学生，房间里开了 12 盏灯，非常明亮；而对另一部分学生，房间里只开了 4 盏灯，比较昏暗，但即便是在光线较为昏暗的情况下，光照也足以让学生们毫无困难地完成任务，只不过，它比

大学教学楼里的大多数房间都明显昏暗许多。5 分钟过去后，学生们告诉实验人员自己正确完成了多少道题，每完成一道题可获得 50 美分的报酬。不管房间里的照明情况如何，学生们都做得很吃力，5 分钟里大约能完成 7 道题，但他们的说法却因为房间的亮度而产生了很大的差异。在明亮房间里的学生们比较诚实，报告说自己完成了 7 道或 8 道，那些在光线昏暗房间里的学生，却将自己的成绩注水了 50% 左右，平均报告自己完成了 11 道以上的题目。不知为什么，在光线昏暗的房间里，学生们摆脱了诚实的道德枷锁，研究人员认为，这是因为昏暗带来了一种使人得以藏匿行迹的错觉。

房间的照明一般不会随着时间的推移而变化，但事物的地点会出现变化，并能反映居住于此的人们的特性。社会中的一些角落能激发正直的行为，另一些却成了不道德和犯罪的温床。例如，争议颇多的破窗理论表明，窗户破损会鼓励潜在的罪犯实施犯罪，因为它暗示该地区的居民对自己的财产漠不关心。该理论的提出者是詹姆斯·威尔逊（James Wilson）和乔治·克林（George Kelling），他们用了两个例子来说明这个理论：

> 假设某栋楼里有几扇窗户破了。如果窗户没得到修缮，那么就可能会有破坏者再去打破其他几扇窗户，最终，他们甚至可能破门而入。如果楼里没人，这里说不定就变成了这些人的落脚点，他们甚至还可能在楼里放火。再来想想人行道，路上堆着一些垃圾。很快，更多的垃圾会堆积起来，最终，人们甚至会把外卖餐厅的垃圾袋扔过来，或者破坏停在那里的汽车。

自 1982 年威尔逊和克林提出这套理论以来，第二个乱抛垃圾的例子已经得到了大量的实验支持。在一项研究中，社会心理学家在一家大医院的停车场上的车身上放了 139 张传单。他们想知道，司机是会把传单扔到垃圾桶里还是直接扔在停车场的地上。在司机走出停车场的电梯之前，研究人员在整个停车场的地上散乱地丢弃了一些传单、糖纸和咖啡杯。还有些时候，他们把停车场地上的每一个烟头、每一片垃圾都清理得干干净净，借此传递"乱丢垃圾不寻常、不合适"的概念。看到停车场里满是垃圾，近一半司机会随手把传单扔到地上——反正这里都这么脏了，再多丢点有什么大不了的？但如果停车场一尘不染，10个司机里只会有1个人把传单扔到地上。研究人员又补充了另一个"机关"：他们安排一名"卧底"，在一些司机刚走出电梯的时候随手把传单扔在地上，这个举动让司机注意到停车场的现有状况，要么强调它已经满是垃圾，要么强调在"卧底"随手丢垃圾之前它是多么干净整洁。在加入"卧底"的情况下，在干净的停车场上乱扔垃圾的司机降到了6%，而在已经遍布垃圾的停车场上扔垃圾的司机则升至54%。司机们根据对所在地区普遍规范的理解，采用了看似最适合的行为。

就连你以为会隐入环境背景的微妙线索，也塑造了我们对世界的看法。在一系列的研究中，我与社会心理学家弗吉尼亚·关（Virginia Kwan）请一位研究员去联系纽约市各地区的测试对象。他们全是美国白人，只不过有些人会步行穿过唐人街，另一些则步行穿过曼哈顿金融区和上东区。研究员请他们完成几道简短的问题，有些是要他们预测金融股未来6个月的表现如何，另一些则是要他们预测在一连串晴天或雨天后天气会怎样变化。美国人和中国人对世界的变化趋势有着非常不同的观念（详见第6章）。美国人往往会对变化感到惊讶，以为过去表现不错的金融股将来也会表现不错，他们认为天气状况也会保持相对一致。反过来说，许多中国人则受道教和易经原则的影响，认为变化不可避免，今天看起来不错的金融股和天气，明天就可能急转直下，但如果今天股市低迷、天气阴雨连绵，明天也可能变成股市暴涨、天气阳光灿烂。

如你所料，走过金融区和上东区的美国人在完成问卷的时候和典型的美国人一样：更愿意投资升值的股票，并预测当前的天气模式会持续下去；而在唐人街漫步的美国人虽然在其他地方与途经更典型的美国街区的人没什么区别，但对世界有着非常不同的感觉，在回答问题的那一刻，他们的思考方式更类似中国人。他们预计未来6个月里，升值的股票会贬值，还预测晴天会变成雨天，雨天会变成晴天，在对易经式中国观念有所了解的美国人当中，这些效应最为明显。只是因为身处一个满是中国元素的场所，这些人就采用了中国式的文化规范。

我们又让研究助理去联系新泽西州一家中国超市外面的路人，也发现了相同的模式。一些路人正在进入超市，尚未受大量中国元素和声音的影响，另一些人则在结束购物之后正要离开，他们已经受到了中国元素的大规模影响。正打算离开超市的人采用了与中国文化观念相关的思维方式，认为升值的股票很快会下跌，如果有 1 000 美元可供投资，他们只愿意拿出不超过 300 美元的数额投资；而正打算进入超市的人的想法更类似典型的美国人，他们几乎会把所有的钱都投资到升值的股票上。

这些研究向我们说明了一些深刻甚至还令人略微不安的事实，它与构成你本人的因素有关："你"不止有一个版本。如果垃圾包围着你，你便更有可能随手乱扔垃圾；如果你路过窗户破碎的楼宇，你便更有可能破坏周围的财物。你的行为规范每一分钟都在改变，纽约客从城市这一角走到那一角，就换了一套思路。认为人在本质上分为"好人"和"坏人"，好人好，坏人坏，而且这种倾向存在于我们身体内部，不因时刻包围我们的景象、声音和符号而改变的看法令人感到宽慰，但社会心理学对此表示怀疑。事实上，就连构建我们自我认知的记忆也会因为在什么地方形成而被打上标签。对情绪造成冲击的记忆会十分顽强地附着在这个标签上，这就解释了为什么人们会记得在听说肯尼迪遭到暗杀、戴安娜王妃丧生、"9·11"连环惨剧的时候自己在什么地方。这些回忆并不完全准确，但顾名思义，所谓的"闪光灯记忆"（flashbulb memories）就是鲜明、生动的快照，它记录了我们获悉带来情绪冲击或与个人相关的新闻的那个时刻、那个地点，这些标签将事件与发生地绑在了一起。闪光灯记忆解释了40年前的一个奇怪而反常的现象，那时候，数万越战老兵带着可怕的毒品成瘾问题回到了美国。

環境背景中的微妙线索重塑了人们对世界的看法，塑造了不同版本的"你"。

特定环境激发特定潜能

越南战争期间，因为陷入了无聊和焦虑状态，许多美国士兵都开始吸食海洛因和鸦片。1970 年，情况最严重的时候，40% 的入伍士兵都至少试过其中一种。美国政府发现士兵使用海洛因之后，担心战争结束之时就是公共健康危机爆发之日，因为海洛因的短期复吸率高达 90%，政府的确应感到担心。打完仗回国的美国士兵中出现了许多问题，但出乎毒品专家们的意料，很少有人毒瘾复发。心理学家和医生至今仍在讨论这个问题，但大多数人都同意这个观点：海洛因成瘾者和在越南战争期间吸食海洛因的士兵之间有个关键的区别，那就是士兵们离开了当初吸食海洛因的地方。大多数尝试戒毒的吸毒者很容易回到当初吸毒的环境下，令毒瘾再度发作；但回国之后的老兵中却很少有人会再度置身最初接触毒品的热带丛林。

背景的复原（也即回到一处充满感情的场所）之所以给海洛因成瘾者造成了麻烦，一部分原因是，当事人的置身之处让他回想起了曾经的相关记忆。明智的教师会利用这一事实，劝告学生在复习考试的时候选择与考试环境尽量一致的地方，他们的意见来自一项经典的心理学实验，该实验说明，场所构成了一种我们感知新获取的信息的"镜头"。

实验故事 ｜ 在这项实验中，研究人员让来自一家大学俱乐部的潜水员记忆一份单词表。潜水员有时在水下记忆该单词表，有时则是在陆地上。如果说，随机选择的单词的记忆难易度与人最初看到单词的处所并不相关，那么，不管是在水下还是在陆地上，要记住这些单词都应该同样容易（或困难）。但学者们发现，如果单词是在水下记住的，那么潜水员再度进入水下时回忆的准确率更高。反过来，如果单词是在陆地上记住的，那么潜水员待在陆地上时回忆的准确率更高。在水下背单词的潜水员是通过脑中一层由水构成的镜头感知单词的，当他们再次进入水中，就激活了与场所挂钩的标签，这些单词也就能更迅速地从意识里浮现出来。

类似的研究还表明，如果你在复习的时候喝醉了酒，那么考试的时候也喝醉会有好处。有个后来成为潜水研究灵感源头的著名的例子。17世纪的哲学家约翰·洛克讲述了一个故事，一个男人在房间里学跳舞时，房间里有一口旧衣箱。后来，每当他要跳舞，就得搬来同一口旧衣箱，要不然就不会跳了。

场所有无数的尺度，每一种尺度都在塑造我们思想、感情和行为方面扮演着不同的角色。在光谱的一端，洛克故事里的男人锁定了最细微的线索——一口旧衣箱，但在另一端，一些环境线索却相当宏大。我们周围世界里最宏大的一条环境线索大概要算天气状况，它定义了我们在户外度过的每分每秒。每次你离开室内环境，就要受反复无常的季节所摆布。2009年，纽约大都会队在一场棒球比赛时发现，火热的比赛气氛再加上炎热的天气，这些因素让人很难保持头脑冷静。

第 3 章

03

天气与温度：

为什么冬天恋爱更容易成功

夏天打仗，冬天恋爱

2009年8月，一个炎热的下午，温度计的水银柱在32℃附近徘徊，纽约大都会队在纽约花旗球场上主场迎战旧金山巨人队。进入第四局之后，比赛局面依然紧张，因为两支球队都无法打破僵局，一分未得。巨人队的投手马特·凯恩（Matt Cain）不大灵活地投出了一个时速高达150公里的快速球，他刚出手，球就飞了出去，正中大都会队的大球星、备受球迷喜爱的大卫·莱特（David Wright）的头盔，莱特脸朝下倒在地上，完全没了动静。球场上起初很安静，在众人的注视下，医护人员上场去救治受伤的球员。没多久，人群中开始发出嘲笑声，声浪震动了体育馆。赛场上的每个人都看出凯恩的投球是个失误，他完全没想到球会击中莱特，此外，从场上的局面看，莱特受伤反倒给大都会队带来了些许战略优势，可莱特的队友们还是很恼火，大都会队的投手乔安·桑塔纳（Johan Santana）发起了报复行动。三局之后，桑塔纳朝巨人队的巴勃罗·桑多瓦尔（Pablo Sandoval）投出了一个很危险的球，差点就击中了后者，裁判对桑塔纳发出了警告。桑塔纳无视警告，又用胳膊肘打了下一位击球手本吉·莫林纳（Bengie Molina），事后还毫无愧意地说，自己是为了"保护赛场上的所有队友"。

如果那天下午天气凉快些，桑塔纳是否还会这么做？我们是不可能知道答案的，但社会心理学家表示，随着气温升高，棒球投手投球击中击球手的可能性更大，报复的现象也会越多。在一项研究中，研究人员统计了 1986 年、1987 年和 1988 年职业棒球大联盟赛季中数百场比赛里有多少击球手被击中，并按比赛日当天每座城市的温度标注了他们被击中的次数。在炎热的日子里，击球手更容易被冒失的投球手击中。研究人员还排除了天气炎热导致失误率更高（例如，投手手上汗水更多）的可能性，指出不管天气是炎热还是凉爽，投手的准确率都是一样的。

第二组研究人员搜索了更大的数据库，涵盖了职棒大联盟 1952 ～ 2009 年共 60 000 多场比赛，他们发现气温攀升时，如果队友被对方球队击中，投手施加报复的可能性要大得多。研究人员分析了数千个数据点，得出结论：气温为 12℃时，投手的报复概率为 22%；气温升至 35℃时，投手的报复概率也升到了 27%。5% 的差异看似并不特别大，但如果放到大联盟的整个赛季来看，这就意味着倘若赛季里每一天的气温都是 35℃而不是 12℃，就会多出 121 名挨打的人。

除了在运动场上，路怒症也会随着温度升高而加剧。

实验故事	在一项实验中，两位社会心理学家出钱让一位女研究助理坐在自己车里，在连续 15 个周末的上午 11 点到下午 3 点，把车停在美国亚利桑那州凤凰城的某个路口。在此期间（4 ～ 8 月），凤凰城的温度介于 29 ～ 42℃。当路口的交通信号灯由红变绿，研究助理也不发动汽车，于是她身后的车会排起长龙。同时，另有一名观察员坐在附近，记录下要等多长时间司机们才会发火，他要记下后面的车按了多少次喇叭、喇叭声持续了多久以及他们是等了多久才按下第一次的。正如研究人员所料，随着气温变高，喇叭响得越来越急、越来越长、越来越频繁，这表明路怒症会随着气温升高而加剧。

为什么炎热会唤起棒球比赛和公路上的好斗情绪呢？一种流行的解释是，炎热让人身体兴奋，心跳加快，汗出得更多，如果碰到令人沮丧的情况，人们又会误以为这种兴奋感是愤怒。在另一项研究中，男性大学生通过一座摇摇欲坠的吊桥之后，会更强烈地感受到女研究员的吸引力，而走过一座更宽、更坚固的桥后，他们却几乎没有这种感觉。正如感觉很热的棒球选手和驾驶员会把生理兴奋当成愤怒，男人在穿过摇摇晃晃的桥之后，也把害怕带来的血液奔流和肾上腺素喷涌当成了性兴奋。

第二个可能的解释是炎热会引起不适，不适反过来又会让人产生愤怒、好斗一类的想法。按照这一解释，人们反复把放松、宁静与没有威胁和斗争联系在一起，所以，他们每当偶尔体验到不适感，就会警觉地扫描周围的环境，观察威胁或挫败的迹象。在凉爽的夜晚，对方球队的投手击中了你的队友，你的精神警报可能不会响起来，但换个令人感到不舒服的闷热夜晚，同样的行为说不定就会导致报复。

> 高温会让人兴奋，可一旦遭遇挫折，人们就误以为这种兴奋的感受是愤怒。

让我们的视线从棒球场转移到数千英里之外的地方。科学家们发现，1950～2004 年，热带地区的内战冲突都曾受到气温大幅变化的推动。热带，也就是赤道南北两侧的温暖地区，在两种主要气候现象下摇摆，也即所谓的"厄尔尼诺"和"拉尼娜"现象。在西班牙语里，它们分别是"男孩"和"女孩"的意思。厄尔尼诺年以天气炎热干燥、暴风雨频繁为特点，而拉尼娜年则一般更为凉爽潮湿，天气情况较为稳定。结果表明，热带地区在炎热的厄尔尼诺年爆发内战冲突的概率是凉爽的在拉尼娜年的两倍。厄尔尼诺气候系统似乎影响了热带地区冲突中的 1/5。这些效应在热带地区最强，因为在热带以外，更靠近两极的地方受厄尔尼诺和拉尼娜的影响比较小。

炎热的天气（多见于厄尔尼诺时期）似乎还滋生了个体之间的暴力行为。美国各地的法官和警察都意识到，在炎热的日子里要特别警惕，因为家庭暴力事件的发生率往往与温度呈正相关。有些犯罪学家甚至认为，美国南部各州之所以特别容易出现暴力犯罪，就是因为这些地区的夏天比美国其他地区都更炎热。同样是在南部各州，包括盗窃和机动车抢劫在内的非暴力犯罪率就比较低，这表明炎热的天气并不会影响到所有犯罪行为，它只与和好斗行为相关的犯罪有关。当然，这一关系或许还要被其他因素所推动，因为除了天气，南部各州和美国其他地区还有很多其他区别，比如将在第 6 章里讨论的以维护荣誉为目标的复仇文化。不过有趣的是，许多其他国家也存在相同的模式，法国南部的袭击事件是较为凉爽的中部和北部地区的两倍；非暴力财产犯罪在法国北部更常见；暴力犯罪在较为凉爽的意大利和西班牙北部地区则少见许多。

这些大范围的结果很有趣，但单独来看并不完全令人信服。举例来说，和美国一样，欧洲国家南部地区的犯罪率比较高，但可能并不是因为这些地区本身更炎热。还有一种可能性：北半球南部地区的文化往往比北部地区更为热情，当然，形成于数个世纪以前的热情文化或许也部分源于对温暖气候的反应。因此，文化上的差异而非温暖的天气有可能是好斗行为较多的原因，至于这些地区比北部更暖和则是无关紧要的因素。

为了排除这种可能性，研究人员采用了许多巧妙的技术对犯罪数据进行分析，结果表明，气温升高时，天气条件是暴力犯罪的助推剂，与地区间文化差异的关系较小。在一些研究中，研究人员控制了各种可能无关的因素，从而排除了这些因素影响暴力犯罪的可能性。例如，即使控制了美国南北部地区在教育水平、财富、收入、宗教和其他许多潜在方面的差异，研究人员仍然发现，南部的犯罪率较高。在每个城市较热的月份里，犯罪率也会上升，而且，在异常炎热的夏天，犯罪率升高的情况越发明显。对各种暴力犯罪，包括谋杀、殴打、性侵犯、家庭暴力和骚乱来说，上述结果都成立。每一种暴力犯罪都会在每年的 6、7、8 月攀上巅峰，并随着气温凉爽而陡然下降。

> 高温使人不舒服，这种不适又唤起愤怒与攻击性的想法，成为暴力犯罪的助推剂。

夏天的炎热孕育战争，冬天的寒冷则孕育爱情。在一项为期一年（2004～2005年）的研究中，两名波兰研究人员采访了100名异性恋男性，请他们谈一谈对女性吸引力的看法。受试人要为穿着泳衣的女性身材打分，他们在一年的四个季节里完成的问卷相同，打分却随着天气变冷而升高。在夏天只能引发漠然反应的图片，在冬天却唤起了更积极的回应，研究人员认为这是"对比效应"（contrast effect）造成的结果。他们生动地解释说，男人在夏天被惯坏了，因为到处的姑娘们都"穿着泳衣或是稍微遮挡胸部、紧紧勾勒出身材的T恤"。与这些场面相比，照片里的身材和胸部的吸引力就很一般了。到了冬天，随着气温下降，男人们看不到活色生香的场面，泳衣里的身材和胸部就显得特别诱人。

在上述研究的10年前，在波兰西北方向千里之外的挪威特罗姆瑟，针对为什么男性在冬天更喜欢看女性身体这一问题，5名医学研究员提出了一个非常不同的解释。他们测量了1994～1995年1 500名挪威男子的睾丸激素水平，研究结果证实了其他许多研究员的说法：男性在冬天会出现睾丸激素分泌高峰，夏天则处于波谷，冬天分泌的睾丸激素比夏天高出约30%。研究员们证明，这不单单是因为男性在夏天喝了更多的啤酒（啤酒可能会降低睾丸激素的分泌），就算排除锻炼和体脂肪的季节性差异，这一效应仍然存在。

如你所料，季节性效应在炎热气候下最明显，而睾丸激素在炎热的夏季下降得最为明显。在一项研究中，研究人员检测了美国和其他国家女性的季节性生产率。在美国炎热的地区，如路易斯安那州和佐治亚等南部诸州，生产率在4月和5月大幅下跌，在8～10月急剧上升。例如，在路易斯安那州，夏天的出生率要高45%，也就是说，冬天每出生2个孩子，夏天就出生3个孩子。

往前推算 9 个月即可发现，这些结果表明，冬天受孕的妇女比夏天多。关于冬天受孕率高的原因，研究人员并未达成一致意见，但他们已经确定了若干可能性：冬天，人们在室内待的时间更高；睾丸激素水平上升的时候，男性寻求爱情关系的概率更高；冬天气温低，男性看到女性身材的机会少，也就更容易为之吸引。此外，还有最后一种有趣的解释——故事开始于 50 年前一只用布做的猴子，结束于今天的一杯热咖啡。

冷 = 孤独，暖 = 爱情？

20 世纪 50 年代末，心理学家哈里·哈洛（Harry Harlow）进行了心理学史上最著名的一项研究。20 年前，哈洛在研究恒河幼猴的智力时，对一件有趣的事情着了迷：每当他把幼猴和母猴分开，幼猴就会紧紧抓住笼子地板上的衬笼布；如果他想把布从笼子里取出来，猴子们就会大发脾气，发出刺耳的叫声，使劲捶打笼子的地板，直到他把这块布还回去。哈洛猜想，是不是幼猴因为看不到母亲而感到寂寞，所以在破烂毛巾带来的温暖感里找到了小小的安慰呢？

哈洛的观察是一个启示。20 世纪 50 年代，大多数心理学家认为，动物的幼崽"爱"母亲，是因为它们需要食物和水。事实上，"爱"字是个禁忌，因为它暗示了某种更深层的心理体验，对科学研究而言太朦胧了些，所以他们认为，动物幼崽表现的是"接近性"（proximity），也即生存本能驱使它们紧紧缠着母亲。但哈洛看出，这些心灵受伤的幼猴寻找的远不止是奶水，还有温暖和亲情。

哈里·哈洛的实验向我们证明，并不是"有奶便是娘"，接触所带来的"安慰感"是爱最重要的元素。

哈洛的研究兴趣发生了巨大的转变。他不再关注动物的智力，而是专心研究为什么幼猴会像人类婴儿一样，抱着母亲寻求帮助，是因为母猴喂养它们、让它们生存下来，就像在干旱地区，野生动物总是会尽量靠近湖泊活动一样吗？还是因为母猴为幼猴带来了温暖和舒适感，尤其是在幼猴感到害怕和焦虑的时候？哈洛知道母猴能同时满足生物上和社会上的这两种需求，但他不清楚哪一种需求是这种母婴纽带最直接的原因。

实验故事　　为解答这个问题，哈洛专门设计了一个实验，他把新生的幼猴和母猴分开，并将每一只幼猴放在有两个人工"妈妈"的笼子里。一位"妈妈"是用硬铁丝做的架子，研究人员在架子上加装了一个奶瓶，每当幼猴想喝奶，便只能去找它。另一位"妈妈"是用柔软的面料制造的，但"她"没有奶。心灵受伤的幼猴初遇自己的新妈妈的时候，哈洛在一旁观察，他看到幼猴几乎立刻紧紧地抱住了布"妈妈"，而远远地避开了铁丝"妈妈"，除非是在想喝奶的时候，才不情愿地靠过去。较之铁丝"妈妈"提供的营养，哈洛的幼猴更喜欢布"妈妈"带来的身体温暖感。幼猴不应该跟母猴分开，它们抱住布"妈妈"所感受到的温暖，是来自真正母亲的母爱的替代品。[①]

50年后，社会心理学家又将哈洛的发现向前推进了一步，开始研究身体温暖是否对社会孤立造成的痛苦起到了实际的补偿作用。

[①] 若想更多了解哈里·哈洛和他的研究故事，可阅读哈里·哈洛的著作《爱与依恋的力量》，这本书的中文简体字版已由湛庐引进，中国纺织出版社有限公司出版。——编者注

在一项实验中，学生们在大学心理学系的大堂与实验人员相遇，他们一起搭乘电梯，升上 4 楼。乘梯过程中，实验人员让学生帮自己拿一下咖啡杯，这样她好迅速记下学生的名字和实验时间。一半的学生拿的是热咖啡，另一半人拿的是冰咖啡。大约 15 秒后，电梯到达 4 楼，他们继续向心理学实验室走，学生要完成一份简短的问卷，问卷描述了一个化名为"A"的人，他聪明、能干、勤奋、坚定、踏实、谨慎，实验要求学生根据一系列量表为 A 的个性打分，比如，他看起来是慷慨还是吝啬，是自私还是无私，是有魅力还是没魅力，是强壮还是虚弱？研究人员在查看了问卷结果后发现，如果学生拿着的是热咖啡而非冰咖啡，他会认为 A 更热情、更友好（与魅力和强壮程度无关）。学生把捧着一杯热咖啡带来的身体感觉，误认成了 A 在隐喻意义上的热情和友好。

在另一些实验中，学生会拿到一个理疗包，其中有些在微波炉里加过热，有些放在冰箱里冷却过。拿着冰冷的理疗包的学生大多报告说自己感到更寂寞，认为自己疯狂地渴望有人陪伴，却又没人可以说话。而拿着加热过的理疗包的学生中则很少有人这么说。研究人员还让一些学生回忆自己感到孤独、遭到社会排斥的事情，回忆完成后，他们会更想找亲密的朋友共度接下来的时间，但如果倾诉过程中拿着加热过的理疗包，他们就没有这么强烈的感情需求。身体温暖的感觉减轻了社会接触的需求，这表明大脑对生理和社会温暖的阐释非常类似。对低温和社会孤立产生反应的大脑区域叫作岛叶，哺乳动物的岛叶位于大脑外层的一处褶皱下面，是个很小的区域。岛叶处理各种感官信息，如痛苦和温度变化等，但它也会对形成社会联系时信任他人的体验作出反应。一些研究人员认为，身体的寒冷会激活岛叶，岛叶会令人产生孤独感和社会孤立感，于是，人们想要去寻求社会慰藉，试图克服这种孤独感。

这项研究为电影制作上了一课，我们可将其概括为时机问题。基于寒冷和孤独之间的关系，两名营销研究人员把注意力转向了浪漫爱情片，这种电影相当于哈洛实验里的布"妈妈"和一杯温暖的咖啡。最优秀的浪漫爱情片总会把主人公安排在一块寒冷、无情的荒地之上，直到一份温暖的爱情降临，才挽救了他（现在"她"的情况变得越来越多），因为浪漫爱情的目的就是温暖寒冷的心灵。在以上两项实验中，一般来说，与捧着热咖啡或热理疗包的人相比，捧着冰咖啡或者冰冷的理疗包的人愿意多花20%的钱去看一场浪漫爱情电影。他们不愿意多花钱去看动作片、喜剧片或惊悚片，大概是因为这些电影缺乏浪漫爱情片带来的暖人心怀的承诺。实验人员对2 500名美国居民的电影租赁模式进行了观察，并以日常温度与电影喜好之间的关系为着眼点，得出了上述结论。就算将情人节（一般是2月中旬某个寒冷的日子，预示着浪漫爱情片租赁会出现高峰）排除在外，他们也发现，天气越冷，人们越爱租浪漫爱情片（与其他类型的电影相比而言）。

> 天气一旦比较寒冷，租赁的浪漫喜剧片的数量就会多于其他类型的片子，因为浪漫的爱情片能够带来温暖与慰藉。

恶劣的天气使我们走到一起，而旷日持久的雨、雪和黑暗也要为极大的不幸负责。19世纪末，美国探险家弗雷德里克·库克（Frederick Cook）在率领一队水手穿越北极厚厚的浮冰区时，发现队员变得越来越无精打采。库克感到很困惑，因为他从来没见过水手这么快就陷入了集体萎靡的状态，他意识到，要是不赶紧出手干预，每个人都免不了一死。

天气左右身心健康

库克的船吃力地在上下翻腾的冰冷海水中前进，他开始怀疑自己会不会和水手们一起死在黑暗里。在考虑了很多牵强的原因和完全无效的解决办法后，库克意识到，人们是因为太久没见到阳光而患了病，于是他设计了几种巧妙的治疗方法。比如，他的"光线疗法"就是让受影响的水手每天在一盆篝火前坐上几个小时，沐浴在火焰的热量和光辉中。每次治疗后，水手们都能暂时恢复活力，重新回到从前的开朗状态，库克的这种治疗办法可谓是一个世纪之后发明的用蓝色灯光治疗季节性情感障碍的先驱。另外，其他人则要在船上又小又冷的甲板上绕圈前进，水手们把这个区域叫作"疯人舞池"。和自然光一样，运动能让人免受北极漫漫长夜的蹂躏。后来，库克又观察了一群因纽特人。因纽特人数代人都生活在北极，已经适应了黑暗的寒冬，他们模仿冬眠动物的行为，在冬天放缓活动，一有机会就睡懒觉、延长聚会时间、谈天说地。等太阳升起来，他们会举行庆祝春天到来的活动，跳舞和求爱。

科学家们如今认识到，季节性情感障碍是与我们昼夜节奏的起伏和流动，即调节我们作息的体内时钟联系在一起的。正如我在第 1 章中所说，如果这座内部时钟被扰乱，我们的身体和大脑会难以完成哪怕最基本的心理和生理任务，例如，我们在跨越时区后要倒时差。人类体内的褪黑激素是推动昼夜周期的主要因素。褪黑激素由松果腺分泌，白天并不出现，一到睡前就涌入身体。随着冬季的白昼一天天缩短，褪黑激素大量分泌，方便人长时间入睡，而季节性情感障碍患者只好与困意对抗，努力在更短的白昼里完成夏天用较长时间才能干完的事情。我们在前面看到，医生往往会用模拟自然阳光波长蓝色光来治疗冬日的季节性情感障碍，这种蓝色光之所以有效，是因为它们能发出 10 000 勒克斯[①]的光线，而只需 300 勒克斯的光线就能阻止褪黑激素产生，初升太阳发出的光线为 700 勒克斯。

从古至今，这些夏日的高潮与冬天的低谷在艺术家、作家和知识分子身上表现得尤为明显，凡·高就在冬季忧郁期和夏季极端狂热期之间疯狂地摇摆。在 1888 年 12 月的一个最短暂、最黑暗也最寒冷的夜里，凡·高与从前的朋友

---

① 指 1 流明的光通量均匀分布于 1 平方米面积上的光照度。——译者注

和伙伴保罗·高更凶狠地厮打起来，他先是朝高更头上泼了一杯苦艾酒，接着又拿出一柄剃刀在黑暗的街道上追逐他，在那天晚上夜更深的时候，凡·高用同一柄剃刀割下了自己的右耳垂，据说是要寄给一个名为雷切尔的妓女。凡·高的画作风格也同样在季节之间摇摆不定，冬天的那几个月里，凡·高的画面被不祥的云彩和无尽的黑暗所占据，到了夏天的几个月，画面上的景物就变成了乐观的太阳、光芒和星星。他用厚厚的油彩堆叠出咄咄逼人的笔触，在冬天越发疯狂，到了夏天则略微减弱。不只是凡·高这样，德国博学多才的大诗人歌德也抱怨说，"优秀的人物"（包括他自己在内）总是"受气候不利影响最多"。作曲家亨德尔和马勒也败在了季节手下，他们的许多伟大作品都出自秋天和春天，至于冬天的抑郁低谷和夏天的狂躁高潮，他们也无力抗衡。

> **天气出现变化时，人也会表现出许多令人惊讶的反应。**

和季节性情感障碍一样，动物也在生理上表现出了许多强烈的天气效应的影响。天气状况固然对人类有影响，但某些低等动物与天气的变化更为同步，反应也比人类更迅速和明显。2004 年，大西洋上的飓风季节尤为活跃，科学家们追踪了佛罗里达州西海岸沿线海湾鲨鱼的运动情况。2004 年 8 月，早在飓风"查理"带来的风暴和大雨降临佛罗里达州之前，鲨鱼就集体逃到了墨西哥湾更深也更安全的海域中。科学家们百思不得其解，后来才发现，鲨鱼是对气压的迅速下降作出了反应，这是暴雨即将到来的预警信号。其他研究人员发现，狗、蜜蜂、鸟和大象身上也存在类似行为，每当飓风、热带风暴甚至地震和海啸发生之前，气压骤然下降，它们就会寻找藏身之处或是登上高地。人类没有这么敏锐的反应，但研究也表明，天气变化时，人会出现各种失调和错乱的反应。

风暴和强风进入一个地区，会给大气层带入负电粒子或离子。在 20 世纪，观察家们都说，诸如加利福尼亚州的飓风"圣安娜"、西北太平洋地区的钦诺克风、意大利的热风和以色列的沙尘暴等强风刚开始的时候，就会让人类行为发生奇怪的变化。1938 年，雷蒙德·钱德勒（Raymond Chandler）在经典硬派侦探故事《红风》（*Red Wind*）里提到了可怕的飓风"圣安娜"26 次。风成了真正的隐藏角色，它令聚会以混乱打斗告终，妻子试图用雕刻刀割断丈夫的喉咙。

欧洲阿尔卑斯山的居民往往会把从偏头疼到精神病等一系列疾病跟本地的焚风（foehn winds）联系在一起，德国生产的阿司匹林有时也会以能治疗焚风病为卖点。焚风从山坡上席卷而下，短短几个小时，就能让气温上升到 28℃，这也是欧洲中部气候相对温和的主要原因。阿道夫·希特勒的朋友海因里希·霍夫曼（Heinrich Hoffman）声称，1931 年 9 月 18 日晚两人去竞选时，希特勒就是因为焚风而头疼，同一天晚上，希特勒的侄女格莉·拉包尔（Geli Raubal）用枪射中自己胸口而死。

20 世纪 60 年代初，德国的研究人员调查了阿尔卑斯山焚风与德国工厂意外事故及伤害率之间的关系。他们把天气分为 6 种状态，其中 3 种相对平静，另外 3 种与焚风、风暴和风后恢复所带来的混乱有关。在被 3 种焚风扰乱的状态下，人们在慕尼黑交通展览中对视觉线索的反应变慢，一家重型机械厂的事故发生率特别高，另一家工厂的工人更频繁地到厂区医生的诊所就医。在观察了近 30 000 名德国展会参观者和产业工人的行为之后，研究人员得出结论：焚风病是真实存在的现象，大气的变化导致了各种各样的症状，如反应时间变长、身体上的疾病等。

实验故事　20 年后，两名美国研究人员想知道为什么季风能够如此强烈地对人产生影响。很明显，风里藏着某种能引起头痛和其他疾病的东西，但能确立两者联系的流行病学数据里还有许多悬而未决的问题。由于大风和风暴改变了大气的负电成分，研究人员决定观察一下，如果向封闭的实验室释放带电离子，人会有怎样的反应。他们预计这些正离子会干扰参与者中枢神经系统的功能，提高 5- 羟色胺这一神经递质的产生，而 5- 羟色胺是导致多动症和好斗行为的原因。研究人员发布的广告招徕了近百人，他们让每人在安装了 3 台离子发生器的密闭房间里待上 90 分钟。每人坐在房间里两次，一次接通离子发生器，模仿风暴来临之前空气中正离子浓度缓慢增加的状态；一次关闭发生器作为实验的对照组。后者房间里除了没有正离子之外，其余条件都相同。在每一轮 90 分钟的实验里，参与者会完成一系列的量表和任务，以测量其情绪和精神机能。研究人员分析结果后发现，正离子让参与者变得更加紧张、疲惫、不喜社交且情绪低落。据研究人员介绍，这一连串的破坏性反应解释了为什么风和天气变化这两个因素与自杀、抑郁、烦躁、犯罪、工业以及汽车事故相关。

> 由于大风改变了大气中的负电成分，正离子会让人变得比较紧张、疲惫，不友善也不开心。

但研究人员近来发现，会扰乱人心智的不仅仅是多变的气候。美世（Mercer）是一家全球性的咨询公司，它每年都会对世界各地主要城市的生活质量进行评估。评分结合了 39 种不同的指标，包括犯罪率、餐厅质量以及政治稳定性。这些指标中最主要的一项是气候，温度适宜、阳光充沛的城市得分高，冬季漫长、寒冷且多雨的城市得分低。奇怪的是，尽管美世对有温暖阳光的城市的打分高于寒冷多雨的城市，一队研究人员却给阳光城市投下了一层隐喻的乌云。

糊涂事总发生在阳光灿烂的日子里

暑假过上几个星期，人就会变得反应迟钝，同样道理，一天又一天的晴朗日子也会让人犯糊涂。阳光充沛的日子让人精神恍惚，这看起来像是个离谱的说法，但它得到了证据的支持。在一项研究中，社会心理学家对离开澳大利亚悉尼一家小杂货店的购物者做了一轮出乎意料的记忆测试。

实验故事	这个记忆测试是这样进行的，顾客进入商店之前，研究人员在柜台上放置了 10 种小型观赏物品：4 只塑料动物，一门玩具炮，一只储蓄罐，4 辆火柴盒玩具车。离开商店后，研究人员要顾客尽量回忆柜台上摆放的 10 种物品都是什么，并从一张列有 20 种物品的清单里选出 10 种正确的物品。研究人员在两个月里进行了 14 次实验，时间在上午 11 点到下午 4 点。有些日子天气晴朗、阳光灿烂，有些日子多云、下雨。顾客在雨天回忆出的物品数量是晴朗日子的 3 倍多；至于在从长清单里选出物品的准确度，雨天约为晴天的 4 倍。

研究人员解释说，阴沉的天气会妨碍我们的情绪，可反过来又使我们思考得更深入、更清楚。人类的生物性倾向于避免面对悲伤情绪，他们会寻找机会进行情绪修复，提高警觉，保护自己免受伤心事的困扰，从而应对悲伤的情绪。相比之下，开心快活则发出了这样的信号：一切都好，环境里没有迫在眉睫的威胁，没必要想得太深入和仔细。这种截然相反的精神状态解释了为什么购物者在雨天能更准确地回忆起 10 种物品：购物者会下意识地试图克服雨天引起的整体性的负面情绪，他们打量着周围环境，寻找有可能用快乐取代自己压抑的悲伤情绪的东西。如果你仔细想想，这种做法是有道理的。情绪状态是一种万能测量仪，能告诉我们环境中是否有东西需要修补。当我们面临重大情感障碍，如极度的悲痛、受伤而带来剧烈疼痛、盲目的愤怒等，我们的情绪警示灯就会亮起，强迫我们采取行动。而大多数时候，我们会顺利地驶过平静的水面，忽视周遭世界里的大部分细节（包括商品柜台上的小摆设）。

糟糕的天气带来的警惕感也浇灭了金融专家们的热情，他们往往会避免在雨天投资。20 世纪 90 年代初，一位经济学家设法收集到了 1927 ～ 1989 年纽约市的天气和股票交易数据。他注意到，股票交易员和所有人一样在晴天更开心，因此也就更乐观，所以，这位经济学家预测，股市在阳光灿烂的日子比在阴天容易上涨，事实也正是如此。交易员在晴天更乐观，投资行为相对大胆，从而推动了价格上涨。与此同时，星期一的回报一般会下跌，因为人们通常会因周末结束而抱怨连连，可这种情况下的股市在晴天跌得不多，下降幅度仅为5个基点（仅为一个百分点的5%），在正常情况下则会下跌18个基点。把这种分析再推进一步，两位金融学教授发现，在全世界的26个金融市场，晴天的收益都比阴天高。这个结论在赫尔辛基、吉隆坡、悉尼、维也纳等差异很大的市场都站得住脚，每逢晴天，这些市场上都会发生小幅上涨的现象。

> 阴沉的天气会导致我们情绪低落，但也会使我们的思路变得清晰而深刻。快乐的情绪会传递出一种积极信号，让人觉得周围一切都没问题，所以也就没有必要深刻、仔细地思考问题。

面对恶劣的天气条件，我们无能为力，但一些研究人员认为，政府的决策者坚守夏令时政策反倒带来了负面效果。夏令时制度规定，在春天将时钟往前拨1小时，以便在春夏两季中增加我们白天清醒的时间。政府的政策很受欢迎，在很大程度上，这是因为人们能享受夏季的温暖直到入夜，因此，世界大部分地区，也包括美国50个州里的大多数地区，都接受了夏令时。1942～1945年，罗斯福在战时担任总统期间，夏令时获得了强大的支持力量。罗斯福试图唤起美国人的爱国理想的共鸣，他声称，如果美国人民能在白天留出更多的清醒时间，那么依靠电力照明的时间就会减少，从而能节约更多宝贵的资源。事实上，数十年的研究表明，该政策反而助长了过度消费，因为人们会在白天大量使用高耗电的空调和制冷设备，而夜间对这些设备的需求较小，消耗的资源也更少。

最近，研究人员已经证明，每年两次改变人体内部时钟会令人付出巨大的代价，尤其是春天，少睡1小时对人的影响特别明显。转为夏令时的那天，成千上万的司机在类似倒时差的状态下工作，当天的事故率陡增7%。更具破坏性的是，一位反对夏令时的研究者声称，在实行夏令时的地区，学生们每年会有7个月处在与自身生物节律相悖的状态中。这名研究人员比较了印第安纳州实行夏令时的各县学生的SAT分数，发现这些学生的分数比其他选择全年实行标准时间的各县学生低16分。在美国，有几个州是按县界划分时区的，仅相隔几公里，有些学校就实行夏令时，有些学校则实行标准时，学生们每年有7个月都生活在不同的时区，印第安纳州就是其中之一。教育决策者每年要花数亿美元缩短不同学生群体之间的SAT得分差距，但上述研究结果表明，取消夏令时，或许是一个成本更低廉的解决办法。

人类可以利用核能，也能向距离地球近200亿公里的地方派出太空船，但我们还没有找到控制天气的方法。世界上有些地方饱受洪水侵袭，有些地方却遭受大旱，在全球变暖的大背景下，龙卷风和飓风越来越强，越来越难以预测。和周围世界的其他精神力量（例如颜色和场所）不同，天气条件最难驯服。

除了我们周围的自然世界，还有一个存在于我们之间的世界，也就是地球上的70亿人类居民。在自然环境外，我们周围的其他人也通过复杂的生物过程塑造着我们的想法、感受和行为方式。身边围绕着美女，男性就会分泌出更多的睾丸激素；新生的宝宝在身边，新妈妈们就会分泌出更多催产素。这一类生物反应中的每一种都会影响人的言行举止。睾丸激素或催产素达到峰值时，男性会变得更肆无忌惮，母亲则会更不顾一切地保护孩子。对他人存在的敏感度，足以改变我们的行为方式。不管对方是陌生人还是亲人，是一个人还是一群人，有些时候，甚至仅仅是暗示有他人在场就够了。在第4章一开始，我们会讨论"单独一个人"跟"周围有其他人"的情况会有多么不同，在不同的环境里添加或者减少一个人，会让我们的行为发生怎样的变化。

DRUNK
TANK
PINK

PART 02

群体之间的暗示力

第 4 章

04

独处与聚居：

你适合单打独斗还是有人监督？

一双眼睛就够了

多年来，英格兰北部纽卡斯尔大学心理学系的教员们，总是不付钱就从厨房取走茶和咖啡。厨房墙上贴着通知，要求来喝饮料的人支付一小笔费用：茶30便士，咖啡50便士，牛奶10便士，但诚信箱里的硬币总是增长得很缓慢，而茶、咖啡和牛奶却消耗得很快。必须采取点措施才行。

于是，这个系里的3名学者决定利用自己手里最合适的工具来解决这个问题：干预性研究。他们研究过人类行为，知道人们会受道德罗盘的指引。这种罗盘平时的作用很弱，但要是处于监视之下，便会有效运作起来。遗憾的是，诚信箱的捐款采用匿名形式，安装摄像头未免太过昂贵，而且有点反应过度。研究人员不希望通过不断监控强迫大家遵守规定，便设计了一种只是让人觉得好像受到监视的干预方式。在10个星期里，他们每个星期都在价格表上贴一张不同的图片，有时是一双眼睛，有时是鲜花。研究人员测量了牛奶的消耗量，以此作为咖啡和茶的消耗指数，并在每星期结束后统计人们向诚信箱里投了多少钱。他们采用的干预方法大获成功。当价格表上贴的图片是各种鲜花时，平均每消耗1升牛奶，来喝饮料的人只投入了15便士；但如果图片是一双眼睛，每升牛奶便能换得42便士。实验表明，仅仅是暗示有人在监视，就能让人们向诚信箱里多投3倍的钱，如图4-1所示。

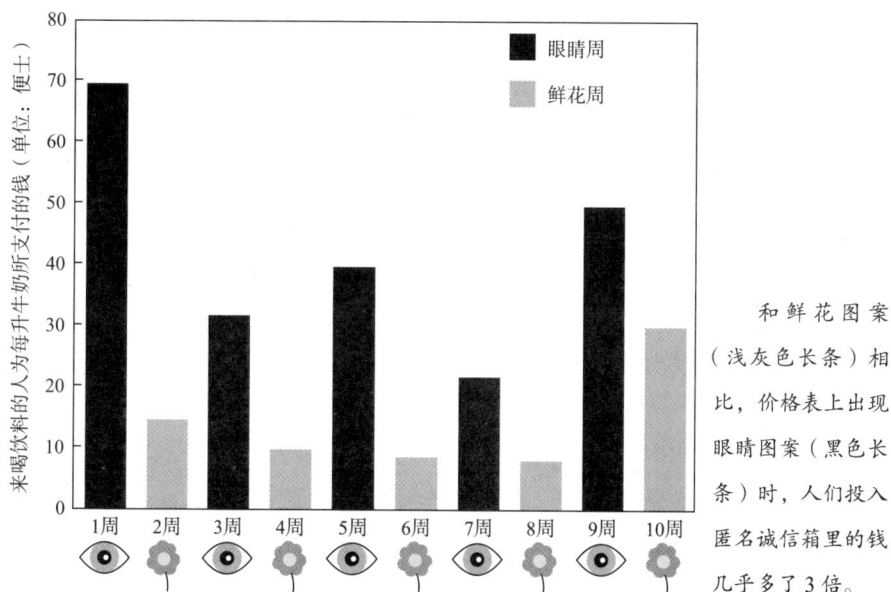

和鲜花图案（浅灰色长条）相比，价格表上出现眼睛图案（黑色长条）时，人们投入匿名诚信箱里的钱几乎多了 3 倍。

图 4-1　贴鲜花和眼睛的效果对比

在纽卡斯尔以南 200 公里，西米德兰兹郡的警察局对这次研究大感好奇。该警察局负责维持英国第二大城市伯明翰的治安工作，纽卡斯尔大学的干预做法似乎既便宜又有效。在短短几个月内，警察局推出了"活力行动"（Operation Momentum），工作人员张贴了一系列的海报，海报上画着一双炯炯有神的眼睛，并伴以口号："犯罪分子逃不出我们的法眼。"当地警官认为这次行动效果好得出奇，抢劫案减少了 17%。于是，警察局又紧锣密鼓地推出了后续的"活力行动 2"。

正如法国哲学家萨特 70 年前所说，一旦我们想象有人盯着自己，就会开始注意自己的行为，而且我们会想象受到监视的其他人会有什么样的反应。与我们想象中的其他人相比，我们对自己的道德缺点很是宽容，比如"忘记"给茶和咖啡付钱。然而，一旦站在旁观者的视角，独处时做起来很自然的行为一下就变得不可接受了。如今，我们很少有人能单独待上几个小时，所以，我们的想法和行动会逐渐反映出有家人、朋友和陌生人在场时的情形。这些与他人的互动极大地塑造了我们的思考和行为方式，我们已经很难想象，要是自己与社会孤立一个星期、一个月甚至一年后会变成什么样子。在各个时代，都曾有一小群人暂时或永久地陷入社会孤立状态，而由此导致的结果几乎无一例外地令人警醒。

> 我们更容易对自己的道德缺点宽容，一旦站在旁观者的角度，在独处情况下看起来适宜的行为，就会变得不可接受。

社会孤立带来的损害

著名作家吉卜林写过小男孩毛克利（Mowgli）的故事，他从小是在丛林里由一群狼带大的。在现实中，的确有些人从小就是在不曾与任何人类接触的环境下长大的。野孩子的故事固然只是传说，但有些却得到了有力的证据支持。马科斯·罗德里格斯·庞拓亚（Marcos Rodríguez Pantoja）曾在西班牙南部山区和一群狼生活了 12 年，19 岁时才奇迹般地现身人世间。乌干达男孩罗伯特的双亲丧生于 20 世纪 80 年代的大屠杀中，他一个人逃了出来，和一群绿长尾猴生活了 3 年。20 世纪最出名也最惊悚的例子大概要数小姑娘吉妮（Genie）的故事了。吉妮的父母把她拴在一张椅子上，她就这么不能动弹地在洛杉矶的一间黑屋子里度过了人生的前 13 年。1970 年，人们发现吉妮的时候，她不会说话，无法和人的视线接触，也无法参与基本的社交活动。她不会走路，而是把手缩在胸前，无规律地挪动双脚。她不会说话，只能发出野兽一般嗅闻、吐口水的声音。虽然吉妮后来学会了用短句表达，但是她一辈子都没能克服早期孤立带来的影响。对她进行治疗的心理学家指出，儿童是在人生之初的一个关键期习得大部分社交和语言技能的。在不与人类接触的环境中长大的孩子往往掌握不了这些技能。就像人成年后才努力学习新语言一样，这样的孩子很难学会参与基本的社会交往活动。

就算是在可以进行大量社会接触的环境中长大的人，漫长的孤立期也会让其"社交肌肉"因缺乏锻炼而萎缩。

实验
故事

20 世纪 50 年代中期，社会心理学家斯坦利·沙赫特（Stanley Schachter）招募了 5 名年轻人参与了一次小规模的社会孤立实验。每名参与者只能待在一间舒适的"牢房"里，房间里配有桌子、椅子、床、灯和卫浴设施。房间里没有任何书、杂志或电视，研究人员把伙食留在参与者的房间门口，不与其进行社交接触。沙克特告诉参与者们，参与者在实验中的每一分钟都能获得收入，而且可以随时退出。之后，他便留下他们一个人独处。

刚过 20 分钟，有个人就开始疯狂拍打房门，要求出来。对他而言，就算只孤立这么一小会儿也没法忍受，所以沙克特付了钱，让他离开了。剩下的 4 个男人中，有 3 个待了两天。其中一个说，这孤立生活的两天是他这辈子最艰难的日子，他发誓再也不参加这样的活动了。另一个人则告诉沙克特，随着时间流逝，他感到越来越不安、无所适从。第三个人处之泰然，但两天后要求出来。而最后一个人则快快活活地被孤立了整整 8 天。

人们对社会孤立的反应各有不同，但对许多人，甚至大多数人来说，这样的实验会让人迷失方向、不安，而且这种感觉会像长时间禁食后的饥饿和口渴一样剧烈。20 世纪 60 年代，随着太空竞赛愈演愈烈，一位名叫米歇尔·西弗尔（Michel Siffre）的法国年轻冒险家决定为这一事业作出贡献。西弗尔打算在一口地洞里待上两个月，模拟宇航员在单人太空任务中可能碰到的情况。1962 年夏天，在法国与意大利接壤的滨海阿尔卑斯山脉，西弗尔下降到冰川层下 375 英尺的深度。洞穴里潮湿、寒冷，西弗尔受着低温的折磨，最后出来时各项精神机能基本上保持完好。除了对时间的流逝失去概念，西弗尔还陷入过一阵短暂的疯狂期，他大声唱歌、扭曲着身体跳舞，但思维基本上仍很清晰，还渴望扩展实验的范围。

10 年后，经过了无数个小时的谋划，西弗尔在得克萨斯州德里奥附近的一个山洞里住了 6 个月。这个洞穴温暖、相对舒适，西弗尔可以通过阅读杂志、书籍和进行科学测试来自我调剂，但到了第 79 天，因为录音机坏了，霉菌也开始侵蚀西弗尔的杂志和科学设备，他陷入了长时间的抑郁。西弗尔想要自杀，多亏出现了一只老鼠，他才强打起求生的意志。可悲的是，当他尝试用一口砂锅捉住这只老鼠的时候，不小心把砂锅打碎了，也弄死了老鼠。当天，他在日记里写道："孤独淹没了我。"就算是自愿钻进洞穴的西弗尔也出现了神志不清、困惑和深度抑郁的症状，他成了社会孤立的又一个受害者。

像西弗尔这样自愿限制个人自由的案例太过稀少，难以保证结论的普适性，但成千上万名犯人都曾在强制禁闭期间体验过类似的定向障碍和不适。

实验   20 世纪 80 年代初，精神病学家斯图尔特·格拉辛（Stuart
故事   Grassian）在马萨诸塞州的一所监狱里考察了一群曾在禁闭室待过 11 天到 10 个月的犯人。这些人都出现过幻觉、深度抑郁、精神错乱、知觉失真、记忆力减退和偏执等症状。10 年后，心理学家克雷格·哈尼（Craig Haney）对加利福尼亚州鹈鹕湾超级监狱的 100 名囚犯进行了研究。许多囚犯都被单独关押了多年，出现了"慢性冷漠、嗜睡、抑郁和绝望"等一系列症状。80% ～ 90% 的囚犯都"愤怒得失去了理性"，变得困惑和畏惧社交。而在一般群体里，受此类症状影响的人只占百分之几而已。

大量研究也得出了类似的结论，不少研究还发现，被单独监禁的囚犯很难分清现实与虚构。心理学家将社会孤立的影响比作慢性蛇毒发作。起初，孤立带来躁动，在世界偏远地区从事季节性捕猎活动的人称为"幽居病"（cabin fever）。幽居病可不是什么好事，患者宁肯冲进暴风雪，也不愿独自在狭小空间里单独待一个小时。在骚动过后，患者会产生幻觉，染上急性焦虑症甚至精神病，精神彻底脱离现实。长期的社会孤立是使原本健康的人过早死亡的一个主要原因。

为什么长期社会孤立会有这么大的破坏性呢？除了强行孤立给人带来的抑郁情绪，还有一个原因：如果我们无法将自己对世界的感受与他人的相比，就会丧失现实感。杀了牛烤了吃是合理的吗？把自己养的狗杀死吃掉呢？男人会觉得戴上假发的自己时髦吗？穿皮夹克呢？三件套西服呢？没有了社会接触，就不可能确定这些问题的答案，因为它们完全是由不同时代、不同文化的社会规范和标准决定的。出生在中国的人和出生在美国的人有着相同的消化系统，出生在 18 世纪的人和出生在 21 世纪的人有着相同的感官系统，但在不同社会背景的影响下，他们的喜好有着极大的差别。

> 长期社会隔离，让我们无法将自己对世界的感受与他人相比，我们会因此而丧失现实感。

1963 年，约翰·肯尼迪总统遭暗杀那一天，一位名叫安妮·夏皮罗的美国女性陷入了昏迷，直到 1992 年才醒过来。你可以想象一下，"转眼"就来到了一个完全不同的世界，她会是怎样一种感觉。又比如说，一名囚犯从 1963 年开始进监狱服刑 29 年，出狱后来到一个充斥着个人电脑、无线电话和彩色电视机的世界，又会是怎样一种感觉。对于我们这些一直生活在良好的社交环境中的人来说，这些变化是渐进的、可管理的，但对于那些生活在相对孤立状态下的人来说，这些变化可谓天翻地覆，他们需要一套全新的现实观念来与之适应。事实上，大部分我们认为成立的事情，都直接来自周围的人确立的标准。

他人如何拓展我们的行为边界

在一些情况下，你对现实的理解与其他人无关。例如，试着回答这些问题：

问题 1：你现在身体舒服吗？如果打开暖气或空调，你会感到更舒服吗？

问题 2：你现在的房间光线充足吗？还是说多一盏灯照明，你会更舒服？

就算你住在离文明世界千里之遥的窝棚里，也可以轻松地回答这两个问题。人类和其他动物本能地知道环境温度是否舒适、环境是否足够明亮、景物是否可见。现在来试试这个非常不同的问题：

问题 3：算一算你家里暖气、空调和照明所用的电量，你对环保做贡献了吗？

这个问题和前两个问题存在一点重要的区别：没有社会标准，第 3 个问题很难回答。就算你知道去年你家耗电 5 000 千瓦时，你又该如何评估这个数字对环境的影响呢？有许多问题是直接与社会规范挂钩的，因此，不依靠相对标准，人们很难评估自己的行为（美国家庭平均年耗电量为 11 500 千瓦时，所以每年 5 000 千瓦时是个相当节俭的数字）。

> 一旦没有相对标准，人们便很难评估自己的行为。

从历史角度看，电费单只是种情况综述，无法说明家庭用电量的高低，所以，消费者很难通过与一般标准的对比来衡量自己的用电行为。问题是，电力公司也面临着与纽卡斯尔大学心理学系一样的障碍：没有持续不断的反馈信息，他们无法鼓励消费者少用电。正如纽卡斯尔大学的心理学家通过张贴眼睛告示来鼓励社会自觉行为，电力公司也在鼓励人们通过审视自己的用电行为是否省钱而高效来节省电力。

2007 年，两位结识多年的老朋友在弗吉尼亚州创办了欧电（Opower）公司。该公司承诺利用行为科学工具，改善电力供应商与消费者之间的关系。截至 2012 年，欧电在全美 22 个州与 50 多家公用事业公司签订了合同。每个月，欧电向每户家庭发去一份报告，内容不光包括标准的消费数字，还包括该户用电量与其余人家的比较。该报告最重要的部分是"上月与邻居用电量对比"，它包含了两段信息：与最节能的邻居相比你的用电量是多少，以及对你的用电量进行评分，评分标准分别为"高于平均值""良好"和"优秀"。

如果消费者的用电量比邻居少得多，就可以得到"优秀"评价，奖励两个笑脸符号，得到"良好"评价的消费者，只奖励一个笑脸符号。欧电的做法大获成功，在该公司业务覆盖的地区，它将人均用电量减少了近 2.5%，自公司成立以来，欧电已经在全美各地节省了差不多 10 亿千瓦时耗电量。欧电成功的原因是，它意识到了两个关键因素：第一，不知道其他家庭消耗了多少电，人们就无法评价自己的用电情况；第二，人们会对虚拟好评和批评作出反应，例如，笑脸符号这样的简单社交暗示。最近，该公司推出了一款 iPhone 应用程序，允许用户与朋友们争夺"最节能"头衔。真实甚至是虚拟出来的用电"同伴"给人们带来了竞争意识，也让人们随之产生克制用电欲望的反应。

和欧电对环境变化所作的努力类似，土耳其肥皂剧《努尔》（Noor）也在改变阿拉伯世界的文化方面作出了贡献。一些作家声称，说不定，有一天人们会把"努尔"（在阿拉伯语里的意思是"光"，也是剧中主角的名字）看成"伊斯兰世界偶然的文化变革"的源头。2006 年，沙特阿拉伯电视频道 MBC 买下了一部肥皂剧的播出权，剧中一位名叫努尔的年轻姑娘嫁入了富裕的大户人家，剧中人物很快在沙特阿拉伯及阿拉伯世界的其他地区变得家喻户晓，成了每户家庭的"编外成员"。一些剧中人晚餐时喝红酒，还发生婚前性行为，极大地违反了阿拉伯世界根深蒂固的保守规范，但努尔和她英俊的进步派丈夫默罕纳德（Mohannad）向观众展示了两性平等为婚姻带来的好处。默罕纳德忠诚、体贴，支持妻子服装设计师的事业，在婚姻里视对方为平等的伴侣。

随后，世界各地数十家电视台也买下了该节目的播出权，这部剧集开始潜移默化地重塑人们对婚姻关系的认识。默罕纳德和努尔成了沙特阿拉伯最受欢迎的名字；以前逆来顺受的妻子开始要求丈夫尊重自己，就像默罕纳德对待努尔那样；与此同时，阿拉伯联合酋长国的离婚率上升了10%，官员们认为，这一增长趋势部分来自像《努尔》这样呼吁妇女权利的肥皂剧的影响。据采访，许多离婚请求都来自女方，她们对自己的婚姻不满，但直到看了电视上的类似情节，才意识到自己有能力摆脱困局。又如，巴西的一部肥皂剧教妇女们避孕，在能够接收卫星电视信号的地区，生育率急剧下降，而在接收不到信号的邻近地区，生育率却保持稳定。

和收看电视剧《努尔》的沙特妇女一样，我们只能在一种现实当中生活，我们不知道存在于世界上其他地区的无数种其他现实。如果没有其他人展现出不同的行为规范，我们会始终在一出生就被框定的无形边界内思考、感受和行动。对社会进步而言，我们天生就拥有一套模仿他人的"内置程序"，我们会投射他人行为，学习如何用新鲜的视角解决问题。

模仿让世界更友善

20世纪30年代初，心理学家诺尔曼·迈尔（Norman Maier）开始思考人怎样解决需要创造力的问题。

迈尔带着 61 名学生来到自己位于密歇根大学的实验室，请他们为一道简单的物理题找出尽量多的解决办法。实验室天花板上挂着两条长度相同的绳子，迈尔要学生们把绳子系到一起。房间里还有其他一些物品，包括钳子、延长绳、一张桌子、一把椅子和若干木棍。学生们抓起一条绳子，试着走到另一条绳子处，然后马上就意识到，如果不利用房间里的道具，绳子的长度是不够的。一些解决办法很简单，大部分学生都不太费力地说了出来，比如把椅子放在两条绳子之间，把第二条绳子固定在椅子上，学生就能把第一条绳子搭到第二条上。此外，还可以使用延长绳，或是用木棍拉近些距离。

不过，最后一种解决办法就棘手多了，只有 39% 的学生独立地想出了这个办法：可以在一条绳子末端系上房间里某样较小的重物，使之变成钟摆。学生可以晃动钟摆，在钟摆靠近第二条绳子时趁机拽住它。大部分学生没能独立解决问题的时候，迈尔给了他们一个微妙的暗示，这个做法成了社会学习的最初示范之一。随着时间的推移，迈尔在房间里踱步，肩膀偶然擦过一条绳子，让它晃动起来。绳子轻轻摇摆，但迈尔并未讨论这一暗示，学生们继续思考问题。在看见迈尔微妙的暗示不到一分钟之后，在没想出解法的学生中，有 2/3 的学生都跳了起来，兴奋地说出了钟摆解法。几乎所有人都不承认看到了实验人员与绳子的碰撞，就算他偶然碰到了绳子，他们也很肯定地说，并不是这个动作使自己想到解决办法的。相反，他们信心十足地说，自己是独立想到解决办法的，那是他们脑力劳动的产物，并非来自迈尔微妙的暗示。虽然迈尔的研究着眼点是解决问题而非社会模仿，但他同样认为：人们会通过微妙的线索学习，只是并未意识到自己是在仿效他人的行为。

有意识地模仿或照抄别人的行为是社会环境下的禁忌，但无意识的仿效却蔚然成风。2008 年，前英格兰足球经理史蒂夫·麦克拉伦（Steve McClaren）离开英国，去担任荷兰特温特队的教练。几个月后，麦克拉伦在一场比赛前接受采访时，居然失去了其正常流利的英国口音，而是说着一种略微结巴的英语，听起来像是个荷兰人，他的语法奇怪地丧失了平衡，还跳过了以英语为母语的人通常会用的单词，英国球迷们为此在 YouTube 上的这段采访视频下留了几十条嘲笑的评论。一群计算机科学家还发现，两个人走着路打电话时，往往会不由自主地将步调同频，他们不是靠视觉反馈，而是根据对方语音语调的高低起伏做到的。才 9 个月大的婴儿就已经开始模仿他人，这让心理学家们认为，模仿是一种与生俱来的进化形式，是把人们联系在一起的社会凝聚力。

心理学家把这种模仿称为变色龙效应。变色龙变色主要是为了表达自己的交配或战斗意图，人类的模仿似乎也是为了达到类似的社会目的。

**实验
故事**

有一个经典的系列实验。两名学生来到研究实验室，完成一项简单的任务，进行几分钟的互动。其中一名学生并不知道，另一位学生其实是实验团队的成员，后者按指示采用一种特定的行为方式：面对一部分学生，这名卧底会微笑，而对另一部分学生，她板着脸，她有时还反复揉脸，不断晃脚。学生并未注意到这些细微的行为（他们是这么对实验者说的），但拍下来的互动录像显示，学生们对她进行了大量的模仿。卧底微笑的时候，学生们比平常笑得多 3 倍；卧底揉脸的时候，学生们比平常揉脸多 2 倍；卧底晃脚的时候，学生们晃脚也比平常多 2 倍。在另一个类似的实验中，卧底演员效仿学生们的行为，或是采用与学生动作全然不相像的中立行为。学生们之后回忆这些互动时，觉得在对方模仿自己时互动进行得更为流畅。人们不仅会自然地模仿他人，这些行动还在陌生人之间创造出了社会凝聚力，能为未来的友谊奠定基础。

人类对模仿上瘾，是因为无意识模仿是一种少见的明确信号：对方很佩服你，才会效仿你的动作。看到有人模仿你，也是一个通过局外人透镜来评估自己行为的难得的机会，萨特形容说，这种机会既让人兴奋，又令人颤栗。对一些人来说，有些时候，没有什么比当着一大群观众的面表演更令人兴奋了，但大多数时候，也没有什么比站在对方的凝视之中更丢脸了，这个说法一点儿也不假，成千上万的美国人投票选出了自己最害怕的事，第一位是当众演讲，第二位是死亡，但第二位的得票数远远低于第一位。

当众表演带来的社会兴奋与社会焦虑

在从古至今曾存在于世的所有 1 000 亿人之中，尤赛恩·博尔特（Usain Bolt）是跑得最快的。2008 年，在北京夏季奥运会的一个星期六晚上，这位牙买加短跑名将打破了百米赛跑的世界纪录，攀上了运动成就的最高峰。他的表现可谓势不可挡。接受赛后采访时，获得第 8 名的美国选手达维斯·帕顿把博尔特和赛场上的其他人区分开来。"这根本不是一场势均力敌的较量，"帕顿说，"人人都在奋力追赶博尔特，他真是个传奇。这家伙是个了不起的运动员，他天生就是个怪物。"为了强调自己的压倒性优势，博尔特甚至在终点线之前 20 米就放慢速度以示庆祝，跑完还发现自己的一根鞋带没系好。一队挪威天体物理学家对博尔特在比赛结束前减速的做法大表遗憾，按照他们的计算，如果他继续全速奔跑，9.69 秒的纪录说不定还可以提高到 9.51 秒[①]。这一修正过的时间对几位著名科学家的主张提出了挑战，后者认为，人类百米赛跑理论上的最短时间是 9.48 秒，但在公元 2500 年之前，恐怕没人能达到这个成绩。

有些运动员在比赛开始前表现得非常低调，但博尔特却是为了在"热爱他

---

① 现在的男子百米世界纪录是博尔特在 2009 年创造的 9.58 秒。——编者注

的观众"面前奔跑而活。在对手们双眼紧盯着终点线的时候，博尔特却在每一场重大比赛开始前手舞足蹈。博尔特喜欢群众欢呼的倾向，说不定就是他在重大比赛上跑得这么快的原因之一。

或许，在社会心理学领域进行的第一个实验就表明：在有他人陪伴的时候，人类往往在速度上表现得更快，在力量上也表现得更强。

实验 故事	这个实验于 19 世纪 90 年代末在美国印第安纳大学进行，它是自行车爱好者和运动迷诺曼·特里普利特（Norman Triplett）的心血结晶。他做了十几次实验：让车手在健身车上尽量快地蹬脚踏板。有时候，特里普利特让他们独自留在实验室里无人打扰，有时候则让他们与摩托车竞赛，还有时候要他们当着其他车手的面一起骑。特里普利特注意到，有其他人在附近骑车的时候，车手往往骑得更快。一位车手单独骑车时，1 英里路程要用 2 分 49 秒，当他与其他 4 位车手一起骑时，同样的路程只需要 2 分 37 秒；单独骑 10 英里，这位车手用时 33 分 17 秒，与其他若干车手一起骑，速度会快两分多钟。特里普利特承认自己的观察不够严谨，所以，他又进行了一次实验，以证明在严格控制的实验室里，这一效应同样存在。 特里普利特招募了 40 名 8 ～ 13 岁的儿童，在 1897 年完成了自己的研究。他测量小学生们能以多快的速度绕好钓鱼用的绞盘，好让鱼线末端的一面小旗被拖过 16 米的距离。任务很简单，但很新颖，实验开始之前，没有一个孩子玩过鱼竿绞盘。特里普利特要他们单独完成任务，或是当着其他儿童的面完成任务，特里普利特注意到，当着别人的面，孩子们绕鱼线绕得更快。他得出结论，观众能让人"释放"独自一个人时发挥不出来的"潜能"。若是特里普利特晚生 110 年，他或许会将尤赛恩·博尔特惊人的表现归结为天赋碰上了特殊成分：一群让人释放潜能的热心观众。

如果在别人面前从事需要速度与力量的活动，比如赛跑，表现通常会比独自一人时好。

科学从来不会如此简单，进入 20 世纪后，另一些研究人员对特里普利特的突破性成果提出了质疑。有些研究人员同样得出了特里普利特发现的效应（现在叫作"社会促进效应"），而另一些研究人员则发现了相反的效应，即"社会抑制效应"。约瑟夫·培辛（Joseph Pessin）和理查德·哈兹本德（Richard Husband）请参与者在研究中蒙上眼睛，单独或者在他人陪伴下去了解一个简单的迷宫。蒙着眼睛的参与者用手指顺着迷宫摸索，每回碰到死角（共有 10 个死角）就折返回原处。培辛和哈兹本德的参与者们当着他人面时并未有更好的表现，反而是在独自一人时更快地走完了迷宫。

这类不一致的观察结果一直持续了许多年，直到社会心理学家鲍勃·扎永茨（Bob Zajonc）提出了一个观点：这一切完全取决于任务的性质。观众能凸显我们的本能反应，我们在面对需要更多谨慎思考的任务时会更难以克服这些反应。对尤赛恩·博尔特来说，再也没有什么事比奔跑更自然了，而特里普利特实验里的孩子们使劲缠绕鱼线，也并不怎么需要思考和注意力。与此相反，探索迷宫很困难，而且需要注意力。培辛和哈兹本德实验里探索迷宫的人，因为知道周围有人看着，担心当着观众的面犯错误，可能因此而分了心。

实验故事 | 这里介绍另一个实验，在这项实验中，研究者扎永茨起初并未用人做实验，而是选择观察 72 只蟑螂的行为。他与一小队研究人员一起设计了两项小型的运动任务：让蟑螂从小盒子中光线明亮的地方爬到一个光线明显更暗的隔间里去。有些蟑螂完成的是简单版的任务，即顺着一条直路，从盒子里刺眼的地方爬到黑暗的目标隔间去；其余的蟑螂完成的是复杂版的任务，它们要穿过一个复杂的迷宫才能逃过光亮区域。一些蟑螂是独自完成这两

项任务的，但研究人员又造了一个观众小盒子，强迫部分运动中的蟑螂当着一群蟑螂"观众"完成任务。一如研究人员预测，有"观众"在场时，蟑螂能更快地爬完直路，到达黑暗的目标隔间，所用的平均时间较之前快 23 秒；但在完成复杂的迷宫时，蟑螂运动员们的反应非常不同，有"观众"时完成任务所用的平均时间较单独完成时慢 76 秒。同样的"观众"，对蟑螂完成简单任务起到了加速作用，而对完成复杂任务则起到了拖延作用。

20 世纪 80 年代初，社会心理学家在观察台球高手和新手的行为时，为扎永茨的理论找到了证据。高手单独击球时的入洞率是 70%，在有 4 人围观时，入洞率可升至 80%。同时，新手单独击球时入洞率仅为 36%，有人旁观时更跌至 25%。有观众在场时，高手得到了激励，而本来已经不堪重负的新手却分了心。作家和在校学生同样会作证，在你试着删改笨拙的长句、做复杂的数学题时，没有什么比读者或老师站在背后盯着你更叫人心烦意乱了。

> 如果在别人面前从事需要注意力的活动，比如做题、写作，人们通常不会表现得更好。

竞争者越多，竞争力越低

观众并非生来平等，扎永茨和特里普利特观察的几乎都是被动的受众：也就是说，不管表演者是成功还是失败，观察者并不受其利害影响。扎永茨迷宫里的蟑螂以及一起受训的自行车手并不与表演者直接竞争，后者的胜利不会给前者带来什么损失。但许多观察者同时也是竞争对手，他们到场观察，正是因为自己也要参与相同的竞争。博尔特蹲在起跑线前，同时也会被身边跑道的其他 7 名运动员观察，博尔特是会注意其他所有 7 名对手，还是只注意最强的对手呢？这件事是否有意义？如果只是两人对决的话，就像 1997 年明星选手迈克尔·约翰逊和多诺万·贝利为争夺"世界上跑得最快的人"的头衔进行比赛那样（这场比赛中，贝利击败了约翰逊），博尔特的表现会不会有什么不同呢？足球教练激励球员时，是该提醒球员注意参加联赛的所有球队，还是要求他们一次只关心一支球队？学生参加标准化考试时，是在只有数十名同学的小礼堂里表现更好，还是在有数百名考生的大教室里表现更好？无论是运动员还是学生，对各种人而言，这些都是很重要的问题。

实验 故事

我们并未掌握所有这些问题的答案，但心理学家考察了 SAT 得分与考场考生人数之间的关系。他们算出了 2005 年美国每个州参加 SAT 考试的学生人数，再将这一数字除以对应州的考场数量，这样就算出了每个考场人数的平均人数。接下来，研究人员发现，在每个考场人数较多的州，考生的成绩往往更差。换句话说，如果考生周围的竞争对手较少，考生的 SAT 得分会更高。当然，各州在很多地方都存在很大的不同，所以，考生密度较高的州，可能是因为较穷困、考场较少，也可能是因为考生就是容易在考试的时候分心。为了排除这些因素，心理学家们又进行了其他研究，他们让考生单独完成测试，但让他们以为自己要与一大群（或一小群）学生竞争。在一项实验中，如果学生们以为自己在与其他 10 名考生竞争，他们用 28 秒就做完了小测验；可如果学生们以为自己是在与 100 名考生竞争，他们完成同样的小测验却用了 33 秒。

这个结果看起来很奇怪。面对更激烈的竞争，人们不是该投入更多的心血才对吗？这个简单的关系看似很有道理，但如果人们不堪重负，他们的动力会下降，有时甚至会彻底泄气。全神贯注地对付球网对面、球场另一头的对手很容易，但要把精力放在巡回赛、大联盟中的所有对手身上可就困难多了。诸如此类的精神比较能带给我们许多竞争的动力，我们会将自己的成绩和他人相比。如果社会中的比较鲜明、丰富、能给人提供动力，我们全身心投入任务中的可能性也更高。事实上，类似的过程解释了为什么面对一个需要救助的小孩的时候，人们会向慈善机构捐献更多的钱，而面对上百万需要帮助的饥饿儿童时，人们反而会束手束脚：为一件便于想象、有限度的事业投入精神和情绪会更轻松，带来的回报更多；反之，有些事业太过宏大，就算你投入精力也多半于事无补，你自然提不起干劲。

> 竞争一旦大大超过自己的能力范畴，人们的斗志就会减退，有时甚至会变得对竞争完全漠不关心。

在面对竞争对手和团队成员时，人容易泄气，你可能会以为这是因为他们懒惰、得过且过、总想从他人身上得到好处。事实上，人们很少意识到这类影响，只有在通过人类心理的微妙镜头来进行观测时，人们才能理解它们的意义。有一种最令人费解的行为模式是这样的：个体会积极应对紧急事件，若是有一大群人在场，反而会对其视若无睹。每当这类事件发生，记者莫不哀叹世风日下、人心不古，但一小群有见地的心理学家却提供了另一种更令人信服的解释。

厨子太多忘做汤

悲剧发生在 2011 年 4 月中旬的一天上午，太阳刚刚升起，在纽约皇后区，看起来显然互相认识的一男一女扭打在一起，局面越演越烈。一个名叫雨果·阿尔弗雷多·泰尔－亚克斯（Hugo Alfredo Tale-Yax）的危地马拉籍流浪汉试图插手，帮助挣扎的女人，她的男同伴转过身朝泰尔－亚克斯身上捅了几刀。整整 90 分钟，亚克斯躺在血泊里，血越流越多，可几十名路人却视若无睹，也有的拍了照片，或是看了几眼，就继续走自己的路。等消防队员赶来的时候，太阳已经升上半空，泰尔－亚克斯也不幸身亡了。

可想而知，泰尔－亚克斯之死引发了一连串的反响，以对人性的哀叹开场，最终演变成拷问人在什么时候、又是如何失去了同情心。我们在 50 年前，或是 10 年前是否更加热心？纽约特别吸引冷漠的居民？还是说在纽约住了太久，好人也会变得卑鄙？

在上述问题中，有些的答案很清楚。路人袖手旁观，不仅仅是后千禧世代道德堕落的产物，早在 20 世纪 60 年代，媒体就曾报道过类似的事件。1964 年，同样发生在皇后区的凯蒂·吉诺维斯（Kitty Genovese）被刺事件曾吸引了广泛的媒体以及一些才华横溢的社会心理学家的关注。攻击事件的细节仍存争议，但基本事实确实令人痛心。凌晨 3 点 15 分，吉诺维斯下班回家，行凶男子当着至少十多个公寓居民的面刺伤了她。在攻击过程中，没有一名居民打电话报警，而整个攻击过程长达 1 个半小时，吉诺维斯最终死在了奔赴急诊室的救护车上。对泰尔－亚克斯视若无睹的路人，和半个世纪之前的那些居民一样。

冷漠效应并不新鲜，但这无法解释为什么我们的道德罗盘碰上这种时候就会停转。关于这一点，至少存在两种解释：要么，我们的道德"接头"出了错，要么我们的道德"接头"没毛病，只不过这类情况中有些特殊之处导致了我们不予回应。对专家们而言，这两种解释都很有吸引力。在美国广播公司（ABC）的新闻采访中，心理学家迈克尔·布拉德利（Michael Bradley）说，我们的道德"接头"确实出了错："我们每天 24 小时都在接受暴力场面的洗礼。我们如今已经知道，暴力场面的洗礼实际上会改变大脑，让人分不清真实的暴力和虚拟的暴力。我们改变了大脑的'布线'方式，不再像从前那样对暴力和痛苦作出反应。"简单地说，我们要费很大的工夫才能回应暴力，因为相关的反应不再登记在我们的暴力探测雷达里。暴力视频游戏、电影和电视节目磨损了我们对现实暴力的敏感性，所以当众刺杀的行为不再像从前那样会引发人的强烈反应。

这种解释听起来很有道理，但它并不能解释为什么早在暴力媒体兴起之前，旁观者就表现出了类似的冷漠，以及为什么面对不同的场景时，旁观者并不会表现出同样的冷漠态度（这一点已为研究人员所揭示）。如果旁观者只是在有些时候才表现得冷漠，那么我们的道德"接头"出错的可能性就比较小，而特定情形会降低我们助人意愿的可能性则比较大。

最早支持情境解释这一观点的是社会心理学家约翰·达利（John Darley）和比伯·拉塔内（Bibb Latané）。达利和拉塔内观察了吉诺维斯谋杀案后的舆论风暴，认为评论家和媒体把故事看得过于简单化了。两人并未责怪纽约市或者纽约人天生无情，而是着手研究环境中是否存在某些特殊之处，阻拦了围观者见义勇为。他们的主要见解是：这类环境最惊人的特点就是围观者太多，却没有一个人干预，而这又恰恰解释了围观者如此冷漠的原因。

为了理解他们的观点，请想象以下情况：你和一个陌生人被困在一座荒岛上。除了你们两人，方圆数里再无他人。突然，陌生人倒在了沙滩上，一动不动地躺着，你是否强烈地感到有必要施以援手？如果你和大多数人一样，那么你上前帮助倒下的陌生人的冲动一定会非常强烈。如果同伴躺在一边不省人事，很难想象你还能若无其事地过日子。现在，想象一个略有不同的情况：你们有 10 个人困在同一座岛屿上，你们彼此之间互不相识，没有任何一个人接受过医学训练。这时，有一个人倒在了沙滩上，你上前帮忙的冲动有多强？毫无疑问，就算你不帮忙，总会有其他人帮忙吧？如果是几百个人困在岛上呢？你帮忙的冲动是不是更弱了？正如达利和拉塔内所说：

如果你是唯一能够伸出援手的人，帮忙的责任感会让你觉得义不容辞，而一旦责任承担者不止一个，个人责任感就会被分摊，变得薄弱。

实验故事

20世纪60年代后期，达利和拉塔内进行了一系列实验，证明了这一责任扩散原则。在一项实验中，纽约大学的学生来到心理学实验室，与其他同学讨论大学生活中遇到的困难。实验人员解释说，讨论要通过对讲系统（不是当面）进行，这个决定显然是为了保护学生们的隐私，鼓励他们诚实地分享自己的观点而免遭尴尬。学生们只能一个一个地讲述，因为在别人说话的时候，他们自己的麦克风系统会关闭。达利和拉塔内将讨论小组分成不同的规模，部分学生进行双人讨论，而另一部分学生进行三人讨论，还有一些学生是五人小组。只有纽约大学的学生对实验内情毫不知晓，其他在对讲系统内的学生都事先听过了对实验目的和过程的详细介绍。学生们最初分享观点时，讨论很平静，可进入第二轮讨论时，一个学生开始大声说话，而且语无伦次，就好像犯了癫痫似的。事实上，达利和拉塔内暗地付了钱给他，要他照着以下脚本，进行两分钟的发言：

我……我……啊……我想……我……有……没有……谁能……呃，呃，呃，呃……帮，帮……帮……我……我……我……现……在……真的……碰碰……上……麻烦了……谁……谁……谁……能……把我……弄弄，弄……出去……我，我，我……真的……有点……严，严，严重……谁来……帮，帮，帮忙啊……咳，咳，咳（哽咽声）……我……我……要死……了……犯，犯，犯病……了……（哽咽声，接着安静下来）。

　　不知内情的学生目瞪口呆地听完了全程，被迫决定是否找人帮忙。正如达利和拉塔内所预测的，学生们的反应差别很大，这种差别全取决于他们是否认为会有其他人出手相助。参与一对一讨论的学生，碰上对方求救时，还不等对方说完话，就有 85% 的人提供了帮助。从对方最初出现紧急迹象算起，这些学生平均只等了 52 秒。相反，如果学生们以为还有另外的学生听到了病情发作的过程，在发病结束前就只有 62% 的人会提供帮助，平均等待时间长达 93 秒。更糟的是，正如凯蒂·吉诺维斯和泰尔 - 亚克斯惨剧中旁观者们的视若无睹，在五人讨论小组中，只有 31% 的学生在发病结束前提供了帮助，平均等待时间为 166 秒，接近 3 分钟，这一回，发病的学生挣扎着喊出"我要死了"，之后变得悄无声息。学生肯定是认真对待发病的，许多人一开始就喊道："天哪，他发病了！"但当有其他可以提供帮助的人在场时，责任感被分散了，他们提供帮助的可能性就大大降低了。

　　和实验中模拟的急病发作不同，一些突发事件是模棱两可的。泰尔 - 亚克斯究竟只是个睡姿难看的流浪汉，还是真的碰上了麻烦？新来的路人看到其他人都不曾停下脚步查看，自然也不会出手帮忙了。在第二个实验中，达利和拉塔内想证明，人们会把他人的无所作为看作不曾发生紧急事件的迹象。在这个实验中，学生坐在候客室里完成一份问卷，之后到大楼的另一区域参加另一个实验。有时候，学生们是独自坐在候客室里的，有时候是几个人一起。过了几分钟，实验人员打开隔壁房间里的烟雾制造机，透过通风口向候客室排放烟雾。候客室里逐渐变得浓雾滚滚，这样学生们会被迫注意到，隔壁房间出现了不明烟雾源。

　　如果学生是一个人坐在房间里，他们会飞快地提醒实验人员烟雾越来越浓，但如果是和其他学生坐在一起，他们会紧张地面面相觑，很多时候都没有什么反应。你可以想象这样的场景：4名学生安静地坐着，房间里浓烟滚滚，他们几乎看不清膝盖上放的问卷。达利和拉塔内解释说，学生们完全无法判断这种情况是否属于紧急事件。这是一种典型的胶着状态：如果之后发现这只是一场虚惊，没有人愿意当那个大喊"出事啦"的人。所以，大家会继续冷静地坐在浓烟滚滚的房间里。

虽然上述实验有助于理解人们怎样应对普通观众，即达利和拉塔内的实验中的旁观者，但这只是故事的前一半。后一半取决于人们对观众的了解：他们的外貌如何，是男是女，他们是互相关爱还是互不相识。男性面对美女时会作出怎样的反应呢？为什么在看到亲人的照片时，人能够承受更多的痛苦呢？为什么与白人比起来，当无辜的黑人手里拿着手机时，善意的警察更有可能认为那是手枪呢？如果不对旁人作更多了解，就很难说他们对我们的思想、感觉和行为起到了怎样的影响。

20世纪中期，年轻的美国心理学家亚伯拉罕·马斯洛（Abraham Maslow）把自己生活中遇到的人以及他们对其行为造成的影响联系了起来。他注意到，不同的人会激活不同的需求，马斯洛著名的需求层次论就是这么诞生的。不过马斯洛的见解早在20世纪20年代就开始成形了，那时他还很年轻，住在纽约市的布鲁克林区，又是犹太人，经历了许多贫困与艰辛。

第 5 章

05

他人：

你是谁，取决于你身边是谁

马斯洛的需求理论

20 世纪初的布鲁克林并不是一个对犹太人友善的地方。年轻的马斯洛不是在上学途中躲避小帮派，就是在课堂上与反犹太人的老师争论。马斯洛在家里的日子也不怎么好过，他与自己的母亲合不来。多年以后，他形容自己的母亲自恋、充满偏见、没有朋友、不懂关爱、不修边幅——这一大堆毛病在未来的日子里即将在马斯洛的身上显现，因为他的童年一直深受其扰。虽然过得很辛苦，但马斯洛依然是个乐观向上的人，和许多从欧洲来到美国的第一代犹太人移民一样（经济学家米尔顿·弗里德曼、病毒学家乔纳斯·索尔克等人均属此列），他相信教育是一种解放的力量。马斯洛的朋友不多，因此他大部分时间都在闭门苦读，并逐渐对人类心理学这一相对年轻的学科产生了兴趣。在同时代的许多人还沉浸于迷宫里的老鼠的时候，马斯洛就发现这些研究微不足道，他打算去探索人类不同于其他动物的复杂之处。

马斯洛的最大的成就是于 1943 年发表的一篇名为《人类动机理论》（*A Theory of Human Motivation*）的文章，马斯洛根据其艰辛童年的经历，描述了能激发人类行为的目标和动机。马斯洛称，一旦人们获得了空气、食物、水和性，即满足了最基本的生理需求之后，就会寻求安全，一如他的父母在他出生前几年逃离沙俄的迫害一样。得到安全后，他们会寻找友情、亲情和爱情，而这是马斯洛童年时从未得到过的社会安慰。等这些基本需求——得到满足，人们就会把注意力转向获取尊重，希望在工作中获得成功，并最终去追求终极的目标：自我实现。马斯洛一直认为，是教育把他从束缚着大多数人的单调乏味的生活中解放了出来。他对爱因斯坦等人非常仰慕，因为他们实现了道德上的纯粹，追随着创新和智慧的激情，因此他认为，他们一定已经满足了较为基本的低层次需求。

时隔 80 年，心理学家们对马斯洛的需求层次结构仍然存在争论，但对于动机指引着多样化的人类行为这一点，却很少有人反对。在这 80 年中，成千上万的研究人员在尝试理解我们如何满足这些动机的过程中找到了创新和智慧的激情。他们认识到，大多数动物都会依靠有限的社会互动来实现目标，而人类却一贯在自觉或不自觉（自觉的时候比较少，不自觉的时候更多）中利用社会关系，满足自己的动机。故事将从最基本的目标开始，通过有性繁殖实现其基因的延续，其中就会涉及男棋手在与美女对弈时往往会使用风险较高的战术的倾向。

性动机：美女改变棋风

国际象棋算不上一项性感的运动，但法国特级象棋大师弗拉季斯拉夫·特卡乔夫（Vladislav Tkachiev）2005 年和自己的兄弟叶甫根尼创办了"世界象棋选美大赛"（World Chess Beauty Contest），竭力想让国际象棋变得性感。兄弟两人邀请了来自世界各地的女棋手，并提交了她们最诱人的照片，好让组成仲裁委员会的男选手们选出"皇后"。照片纷至沓来。俄罗斯的亚历山德拉·科斯坚纽克（Alexandra Kosteniuk）搔首弄姿、目光炯炯地坐在摆满棋子的棋盘后面；拉乌拉·哈查特里安（Laoura Hachatrian）穿得特别"清凉"，以至于她忧心忡忡的男朋友坚持要把原始照片的下半部分遮住；娜塔莉娅·普高妮娜（Natalia Pogonina）长得很像电影明星丽芙·泰勒，她站在一把吉他后面嘟着嘴。喜欢象棋这项运动的还包括一位真正的超级名模，卡门·凯斯（Carmen Kass），她是爱沙尼亚全国象棋甲级联赛的前主席。凯斯曾经是迪奥旗下"真我"香水的代言人，还曾竞选过欧洲议会的议员，可惜最终未能当选。

象棋是一项通过智力进行角逐的运动，从这一点来看，竞争对手是不是真人应该无关紧要，但事实上，它对成绩表现却有着巨大的影响。专家会告诉你，与电脑下棋和与人类对手下棋是极为不同的，哪怕两者走出了相同的路数。面对传奇人物加里·卡斯帕罗夫（Garry Kasparov），就连弗拉季斯拉夫·特卡乔夫这种档次的棋手也忍不住脸上发烫，他说，卡斯帕罗夫"看起来比我足足高了一米"，尽管两人的身高完全相同。那么，男棋手们与象棋界的美女们（卡门·凯斯、亚历山德拉·科斯坚纽克一类）对阵时，会是怎样一番情形呢？棋手们是极端的理性主义者，但这并不意味着他们的基因不会让他们朝着马斯洛的低层次动机（通过有性繁殖实现基因的延续）进发。一些物种的雄性会在寻找潜在配偶的过程中战斗到死，只不过，男棋手们瞄准类似的目标时会采用更微妙的手段。

和所有异性恋男性一样，看到美女的男棋手们产生了更多的睾丸激素，睾丸激素引起了一连串的生物反应，令他们对马斯洛所谓的性动机展开追求。其中一种反应是，为了打动吸引人的异性，他们往往变得乐于承担风险，以证明自己拥有足够的资源，能够拿出一些赌注来冒险。于是，一群欧洲经济学家想，在正常情况下，男棋手在重大赛事中的行为偏保守、有耐心，当面对漂亮的女对手时，他们是否会采用更冒险的策略呢？

研究人员收集了数百轮棋局的数据，以此考察比赛当中男棋手碰到漂亮女棋手时会发生怎样的情况。样本中的棋手年龄介于 25～34 岁，都是成名的高手，在 1997～2007 年活跃于各项赛事中。研究人员先是让一群成年人根据标准头像照片给每名棋手的吸引力打分，同时又设计了两套指标来衡量比赛中的风险程度：对规避风险平局的偏好程度，以及每名棋手开局手法的风险度。平局规避风险的原因是，两名高水平棋手都有能力将棋局引向平局，输的风险很小，当然胜算也很渺茫。此外，有一些开局动作的风险度较高。统计数据显示，采用风险度高的莫拉开局（Morra，这种开局方式一开始就需要牺牲一部分棋子、暴露另一些棋子）的棋手，只有20%的概率能实现平局，有45%的概率输掉比赛；相比之下，采用更稳妥的阿拉平开局（Alapin，用较弱的兵卒保护更重要的棋子）的棋手，有35%的概率达成平局，并且只有33%的概率输掉比赛。研究人员发现，对面坐着漂亮女对手的时候，男棋手会采用风险高的开局方式，并有意避免平局。遗憾的是，这些美色当前就昏了头的男人，要为自己的冒险行为付出代价，他们往往会比头脑清醒的棋手输掉更多的比赛。

> 为了打动吸引人的异性，人们往往变得乐于承担风险，愿意拿出一些资源作为赌注来冒险。

漂亮女人是怎么让男性象棋大师从手头的工作上分心的呢？在澳大利亚布里斯班的一个滑板公园里进行的一次巧妙的研究为这个问题提供了答案。这项研究的灵感来自一份简单但惊人的统计：男性意外死亡的概率是女性的3.5倍。进化心理学家认为，正如雄性狮子和大象会在争夺霸主的竞赛中冒性命危险，男性比女性更容易意外死亡，是因为他们为了打动女性，要承担更大的风险。根据进化理论的说法，我们的男性祖先竞相争抢女性祖先的青睐，只有成功者才能得到交配和繁衍后代的机会。换句话说，一代代的雄性打垮了孱弱、贫穷、瞻前顾后的对手，这才造就当今世界上差不多30亿的男性，因此，两位社会心理学家得出结论，男性在漂亮女性面前尤其爱冒险，而这正是欧洲经济学家在男棋手身上看到的现象。

实验故事 | 心理学家并未继续研究职业象棋选手们的行为，而是把注意力放在了喜欢滑板的男青年身上。他们在布里斯班接触了近百名

滑板玩家，并要他们表演从易到难的一系列花式动作。高难度的动作会有受伤的风险，所以，完成后固然满足感更大，危险性也很强。为了将危险控制在最低限度，滑板青年们往往会在完成动作前半途中止，而不会去承受可能让身体受到伤害的风险。一开始，男青年们是当着男性实验员的面表演花式动作，过了不久，他们又当着一位 18 岁的漂亮女实验员重复动作。在进行简单的花式动作时，不管实验员是男是女，滑板青年们都能沉着地完成大部分动作，失败和半途中止的人都很少，但尝试高难度花式动作的情形就大不一样了。尽管当着漂亮女实验员的面，滑板青年们能成功地完成更困难的花式动作，但她的在场也令他们失败的次数更多，半途而止的次数更少了。

有漂亮女性在场的时候，男性更愿意冒险，不愿意放弃有可能失败的花式动作。滑板青年们完成花式动作后，实验人员收集并分析了他们的唾液用来测量他们的睾丸激素水平。正如预期的一样，当着漂亮女性的面表演，男性的睾丸激素水平明显会高很多，睾丸激素水平越高的人，一定要完成全套冒险的花式动作的可能性越大。根据交配行为的逻辑，漂亮的女实验员激活了倒霉的滑板青年们的交配本能，刺激他们产生了睾丸激素，反过来又削弱了他们中止注定要失败的花式动作的意愿。当然，这些人同样也成功地完成了更为困难的花式动作，这表明，为了打动漂亮的女性，有时候必须付出公平的代价，发生些许失误。

这些实验中的男性显然是受了美女的影响，但我们怎么知道他们是受了性欲的驱动，还是因为分了心呢？ 2006 年底，3 名心理学家采访了 18 名在阿尔伯克基男士俱乐部工作的脱衣舞娘，解答了这个问题。他们在论文一开始就描述了这种行业的经济生态、俱乐部里的氛围以及俱乐部的典型主顾，作者们说："这是因为，学术界人士可能对男士俱乐部里的亚文化不太熟悉。"舞娘们的收入大部分来自顾客的小费，小费多为 10 ~ 20 美元，但男主顾的回旋余地很大。有些人给的小费少到 1 美元，但也有人大把大把地塞给舞娘 20 美元的整钞。主顾们越受舞娘的吸引，给的小费就越多，这是一种进化上的返祖现象：男性通过炫耀自身资源以打动女性。从进化的意义上说，如果男性诱惑了一个不能怀孕的女性，这种摆阔气的行为就白白浪费了，但不是所有的女性都能生育，就算是育龄妇女，每个月能够受孕的日子也只有六七天。

由于花费资源的代价不菲，如果能把资源都花在能够受孕的女性身上，男性就更容易在交配游戏里成功。因此，如果男性都下意识地为可受孕的女性（即至少在理论上能够满足马斯洛所谓性动机的人）慷慨消费，研究人员预计，舞娘们在可受孕的排卵期收到的小费最多，在不能怀孕的月经和黄体期小费减少。同时，服用避孕药的舞娘所得小费较少的可能性更大，因为与不服用激素类避孕药的舞娘比起来，前者的身体没有了周期性差异。实验进行了 60 天，到结束的那天，舞娘们报告每天收入的时候，结果令人震惊。舞娘们每 5 个小时轮一次班，没有服用避孕药的舞娘在排卵期的平均小费是 335 美元，在不能受孕的黄体期为 260 美元，在月经期则仅有 185 美元。据研究人员介绍，男人们能够通过一些微妙的线索判断出舞娘是否处在排卵期。

正如读者所料，服用避孕药的舞娘就不存在这样的戏剧性差异，她们每次轮班所得的收入很少能达到 250 美元这一相对适中的基准线。这些结果表明，面对生理上能够满足马斯洛所谓性需求的女性时，男性更爱摆阔，更愿意与之分享资源。

马斯洛认为，解决了基本生存需求之后，人就转向了需求动机层次的第二层：安全。住房和安全看似是不可剥夺的基本人权，但人类对安全的渴求却往往伴随着黑暗的代价。我们是一个慷慨的物种，能够做出仁慈、体贴的行为，但我们同样又是一个可怕的物种，倾向于做出有偏见和歧视性的行为。从理论上说，美国赋予少数族裔以投票权和其他平等权利，但少数族裔仍然遭受着排外主义遗毒的困扰。

安全动机：种族歧视的部分原因

1964 年，马丁·路德·金在前往奥斯陆领取诺贝尔和平奖的途中接受了英国广播公司（BBC）记者鲍勃·麦肯齐（Bob McKenzie）的采访。在采访过程中，麦肯齐向金提出了一个有争议的问题，引出了金的一番乐观回应：

> 鲍勃·麦肯齐：罗伯特·肯尼迪任美国总检察长时说，他能想象，或许在未来 40 年里，美国会出现一位黑人总统。你认为这现实吗？
>
> 金博士：……我对未来感到乐观。坦率地说，过去两年，我在美国看到的一些变化让我感到吃惊。我看到了人们对《民权法案》的遵守，以及由此带来的最令人惊讶的变化。因此，站在这个基础上，我想，用不了 40 年，我们或许就能看到有黑人当选总统。我认为，说不定是 25 年，或者更短的时间。

45 年之后，巴拉克·奥巴马成为美国的第一位黑人总统，并获得了诺贝尔和平奖，与金博士的预言相差不远，不过，罗伯特·肯尼迪显然说得更准确。奥巴马当选总统，预示着美国迎来了一个新的时代，但一小群兴高采烈的社会评论家却说，美国已经进入了"后种族"状态，这就未免太过乐观了。事实上，仇外心理（害怕差异）是人类一种根深蒂固的情绪，而种族偏见长久存在的部分原因正是，人们认为差异是保护人身安全的一道屏障。

社会心理学家鲍勃·扎永茨在 20 世纪 60 年代末做了一系列研究，对根深蒂固的仇外心理做了经典的揭示。一年后，他发表了我在本书第 4 章中所描述的对社会促进效应的相关研究。

实验故事 | 一开始，扎永茨向密歇根大学的学生们出示了 12 个陌生人的照片，这些人都是从附近一所大学毕业的。在实验的第一阶段，对于有些照片，每名学生看了 25 次，有些看了 5 次或 10

次，还有些照片他们只看了一两次，有些甚至根本没看。稍后，研究人员问学生，他们对照片中的男性的喜爱程度如何。学生们对看到次数更多的男性表现出了强烈的偏好。事实上，对看了25次照片的男性，学生们的喜爱程度比只看过一次照片的男性高30%，这说明，熟悉会带来安全感，而反过来说，安全感又能克服我们人类与生俱来的排外倾向。

虽然对差异的恐惧是根深蒂固的，但歧视的性质却发生了改变。今天的歧视，比马丁·路德·金所在的20世纪60年代更为微妙。60年代，在华丽的白人公交、学校和餐馆与破烂的黑人公交、学校和餐馆之间，有一条泾渭分明的界线。

让我们举个重要的例子：在美国司法系统中，黑人男性是否仍然遭受歧视呢？社会心理学家利用一系列简洁的实验说明，就算没有公开的歧视，黑人刑事案被告仍处在劣势。

实验故事　　在一项实验中，研究人员向白人大学生展示了50张白人男性或黑人男性的面孔，但每张照片出现的时间仅为几分之一秒。这些照片在屏幕上快速闪现，没有一个参与者意识到自己看到了它们，更不用说分辨出哪些面孔属于黑人还是白人了。尽管如此，这个名叫"潜意识引导"的过程却对人们的想法产生了明显的影响。就算人们无法识别图像的内容，这些图像仍然悄无声息地驻扎到了人们有意识的知觉层面之下，塑造着人们随后产生的想法、行为和感受。本次实验中，在学生们看过了黑人或白人面孔之后，研究人员让他们分辨一系列物体。一些物体是与犯罪相关的，如枪支，另一些则无关。首先显示的是该物品充满噪点的模糊图像，类似电视机接收信号欠佳时出现的黑白雪花点图像。如图5-1所示，这些噪点图像会一帧一帧逐渐变得清晰起来，最终到达能够识别程度。受黑人面孔引导过的学生，只需要

19 帧画面就识别出了与犯罪相关的物体，而受白人面孔引导的学生，识别相同的物体则用了 26 帧画面以上。而在识别与犯罪无关的物体时，受黑人还是白人面孔引导并不起作用，所有学生都需要大概 23 帧画面才能识别出物体。这个结果告诉我们，向人展示黑人男性的面孔，哪怕时间短到人根本没有意识，也会让人在整体上为感知犯罪做好心理准备。

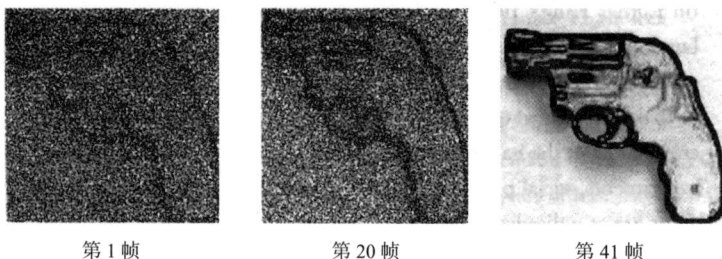

第 1 帧   第 20 帧   第 41 帧

图 5-1 与犯罪有关的图像

这个结果之所以令人不安，是因为它表明，人们在黑人男性和犯罪之间建立了强烈的精神联系，但它并未直接回答"这一联系是否真的令黑人男性在现实世界中处于劣势"这一问题。为回答这个问题，同一批研究人员转而检索了 1979 ～ 1999 年费城的死刑案件数据库。他们发表了一份论文，文字极具挑衅意味，题为《看着就该死》（*Looking Deathworthy*）。文章指出，如果受害人是白人，而涉案的黑人男性看起来又是典型的黑人时，被判处死刑的可能性极高，如果涉案的黑人男性看起来不像是典型的黑人，被判处死刑的概率就低得多了。在所有案件中，典型的黑人男性被判处死刑的比例为 58%，而外貌不那么典型的黑人被判处死刑的比例仅为 24%。就算研究人员谨慎地去除了其他有可能拉大差异的因素，比如被告和受害者的社会经济地位差异造成的影响，这个结果仍然成立。

这个惊人的结果暗示，我们对安全的追求以及由此而来对差异产生的恐惧造就了歧视黑人被告的司法系统。简单地说，在某些情况下，一个看起来更像

"黑人"的黑人男性，被判死刑的概率比犯了同样罪行但长得不太典型的黑人高 34%。诸如此类的不平等说明了一个可悲的事实：我们潜意识中对少数族裔的态度的发展速度远远跟不上我们公开表明的态度。许多丑陋的观点都深深地隐藏在我们的脑中，但我们说不定根本就不曾意识到。

> 我们在潜意识中仍对少数族裔存有偏见，这种隐藏的、无意识的态度的发展速度非常缓慢，远远跟不上我们公开表明的态度。

实验
故事

21 世纪初，社会心理学家问一群大学生是否知道如下刻板印象："黑人就像猿猴。"只有 9% 的大学生说自己知道这个刻板印象，但研究人员并未满足于口头表态，于是又开展了一系列研究，揭示了一点更险恶的真相：不管大学生们是否自觉地意识到了这一刻板印象，他们的行为显然受到黑人与猿猴之间的联想的影响。在一项研究中，受猿猴图像潜意识引导的学生，更容易把焦点放在黑人面孔上，对实验中稍后出现的白人面孔却没什么反应。和未经猿猴图像引导的学生比起来，他们更容易认为警察殴打一名被拘捕的黑人男子是正当的，但若是警察殴打的是一名白人男子，他们却不会这么认为。

短暂地闪现而过的猿猴图片足以让人们把注意力转移到黑人面孔上，这清晰地证明了人们会将这两个概念联系起来，更令人痛心的是，这又削弱了他们在警察殴打黑人受害者时的反应。从整体上看，最后这个结果尤其令人不安，因为如果头脑里暗暗将他人与动物联想到一起，人们就不太容易尊重对方，最后的一项研究正好证明了这一点。研究人员发现，报纸上的文章用与猿猴（猿猴、猴子、大猩猩）相关的词描述涉死刑案件中的黑人被告的概率比白人被告高 4 倍。研究人员进行了更深入的考察，发现最终被判处死刑的黑人被告被用与猿猴相关的词语形容的概率，是未被判处死刑的黑人被告的两倍。很遗憾，我们基本上无法消除这些隐藏在个人判断中的偏见。在过去的一个世纪里，美国已经走过了漫长的道路，包括奥巴马两次当选美国总统，但黑人、犯罪和兽性之间的联想仍然存在。

当然，种族仇外心理并不仅限于美国，更不仅限于对黑人的态度。2005年7月，伦敦遭到了接连不断的恐怖袭击：7月7日，在一连串的合作自杀式攻击中，52人遇害；两个星期后的7月21日，其他潜在的恐怖分子试图引爆炸弹，意图杀害数十人，幸运的是炸弹未爆炸。4个"中东长相"的男人设法脱逃，伦敦大都会区警察局随即展开了有史以来规模最大的搜捕工作。搜捕开始后的第二天，有一名男子被误认为是恐怖分子之一而遭到杀害，由此开启了一连串悲惨事件的高潮。若是不理解我们的偏见怎样蒙蔽了我们感知外部世界的能力，就很难搞明白这些事情的由来。

7月22日上午，一名男子刚离开家，警察就跟上了他。据事后报道，当天天气暖和，他却可疑地穿着一件厚夹克，而且他似乎住在一栋与恐怖分子有关系的建筑里。随着时间推移，越来越多的警察小队加入了追捕行动，等该名男子下了公共汽车、跑向地铁站时，警察们深信，此刻只有一个选择了。据目击者描述，他看到几名警官跟着男子上了地铁，拦下他，把他推倒在地上，最终，朝他头部连开7枪。

受害人名叫琼·查尔斯·德梅内塞斯（Jean Charles de Menezes），27岁，是巴西裔电工，朋友和家人都称他是个温柔的居家男人。梅内塞斯并不是中东人，所以并不像追捕他的警察们所说，长着一双"蒙古人的眼睛"。监控录像显示，他穿的完全不是可疑的厚羽绒外套，而是很适合当日天气的薄牛仔外套。证人说不准他是否在跑向地铁，但准备乘坐公共交通的人小跑着去赶车是很正常的事情。这些含糊之处单独看起来平淡无奇，却足以说服警察：他们在追捕一名马上就要引爆炸弹的恐怖分子。警方官员召开了多次问询，但没有警官遭到纪律处分，最终，死因调查人员判定该次死亡事件确有可疑之处，但并不违法。

有时候，现实就像是照着研究所写的剧本展开一样。在梅内塞斯悲剧发生的几年前，就出现过这样的情况。科罗拉多和芝加哥大学的社会心理学家设计了一款引人入胜的电脑游戏，来说明警察在判断是否向潜在的袭击者开枪时困难重重。

<table>
<tr>
<td>

实验

故事

</td>
<td>

在一系列照片中，青年男子手持武器或是类似钱包、手机这类无害的物品。学生和其他成年人坐在电脑面前，任务是判断是否应向屏幕上出现的那些青年人开枪（见图 5-2）。讯速判断出袭击者并开枪，且没有误杀的"赢家"可获得现金奖励，所以玩家们很有动力，能够认真参与实验。

研究人员又在游戏里增加了一点关键"设置"：照片里的一些男性是黑人，另一些是白人。游戏很难，玩家们努力地判断是该开枪还是保持克制，但正如研究人员所料，如果游戏与玩家的既有偏见发生抵触，它就会变得特别困难。有太多时候，玩家们向手持钱包和手机的无辜黑人射击，却允许拿着枪的白人溜走（正如梅内塞斯一案中的情形）。这种时候，他们的反应也会慢很多，因为玩家的预先判断和屏幕上的图片出现了明显冲突，他们必须花费更多的精力才能解决这种冲突。若干年后，澳大利亚悉尼的两位心理学家指出，面对戴穆斯林头饰的男子，受试者也存在相同的反应：屏幕上的年轻男子手里拿着的是咖啡杯碟，但如果头上戴着穆斯林头巾，学生们便更容易向其开枪。学生们的"后 9 · 11 偏见"让他们随时准备向包着头巾的无辜目标射击。

</td>
</tr>
</table>

图 5-2　射击游戏画面

这种情况产生的部分原因是，人类天生不喜欢新颖和差异，这两者都威胁着我们对安全动机的追求，因此，我们将不同的群体和个性特征如友好、兽性、懒惰、粗鲁、炫耀财富、侵略性和危险性等联系起来。有时，这些联系能让我们的人身安全免受威胁，但这些联系也有害处，它们揭示了一连串令人痛心的行为，比如不公正的死刑判决，以及看到某类人就食指发痒、想扣动扳机的危险念头，如前文提到的黑人、包穆斯林头巾的人。

爱的动机：激素的奇效

说完人类的安全动机（很多时候是破坏性的），马斯洛转向了更阳光的爱与友谊的动机。尽管童年时经历了颇多波折，马斯洛仍然对这种令社会得以连接的力量持乐观态度。20 岁时，马斯洛和表妹贝莎结了婚，15 年后，社会纽带在他的动机层次中占据了核心位置。马斯洛对爱不可言喻的力量有一种模模糊糊的感觉，但 70 年后的现在，科学家们相信，他们对爱之体验背后的生物原理有了更为深刻的理解。事实上，纽约一家公司甚至开始以"信任液"（Liquid Trust）的形式贩卖爱的力量。

按这家公司网站的说法，位于纽约市的"维罗实验室"（Vero Labs）公司"致力于研究和开发有助于促进和加强人际关系的创新产品"。这些产品之一，就是所谓的"信任液"喷雾。维罗实验室的网站显示，只需三个简单步骤，该产品便能增强人与人之间的关系。首先，在出席重要会议或社交活动之前，用户在穿衣打扮时喷上"信任液"；接下来，其他人碰到喷了"信任液"的用户，就会不知不觉地吸入"信任液"，于是这些人会莫名对用户产生很强的信任感。

现在有很充分的证据表明催产素的作用并非这么直白，但这种激素的力量不容怀疑。

<table>
<tr><td>实验
故事</td><td>在一次经典的研究中，研究人员对苏黎世的一些大学男生喷洒了小剂量催产素，而对另一些人喷的则是无效对照剂。两种喷雾都没有味道，唯一的区别就是喷雾中是否含有催产素。学生们吸入喷雾后便开始玩一套经济游戏，游戏的作用是衡量他们对若干陌生人的信任程度。根据游戏规则，学生们拿到一小笔钱，既可以自己留着，也可以拿给在实验开始前从没见过的一个陌生人。凡是转交给陌生人的钱都会翻 3 倍，而陌生人则可以把翻了倍的钱与之前给自己钱的学生分享，作为奖励。不过，把钱拿给别人会有风险，因为调皮的陌生人也可以把钱全部留给自己，因此，学生们必须信任陌生人，才会乐意把钱转手。吸入催产素的学生表达出了更强烈的信任感，和另一组吸入无效对照剂喷雾的学生比起来，前者转给陌生人的钱要多 17%。仅仅吸入少量催产素就足以削弱学生们天然的怀疑情绪，鼓励他们信任本可能触发其怀疑情绪的陌生人。</td></tr>
</table>

如果小剂量吸入催产素就能促进陌生人之间的信任，你应该想象得到催产素对新妈妈们的影响有多大了：生育后，人体自然产生的催产素会不断大剂量地涌入大脑。面对强大物理压力时，哺乳期的母亲几乎不会释放皮质醇，而这种激素在通常情况下一遇到压力就会很快响应。妈妈们还变得比平常更镇定、更爱互动了，她们不那么焦虑了，更愿意保护自己的婴儿，与其建立深厚的情感关系。

听起来，催产素以及由此而来的"信任液"，就像是克服当代世界欠缺信任这一顽疾的灵丹妙药，但该激素不见得总能激发同样令人温暖的反应。大部分对催产素的早期研究都着重考察人们如何应对新生婴儿和恋人，这很容易让人以为它一般只激发爱情和亲情，但最近，研究人员把注意力转向了相较之下关系更疏远的泛泛之交上，结果就大不一样了。在同一种族、民族、国籍或宗教的人中，催产素确实能促进群体内成员的积极反应，但面对来自群体外部的成员，它带来的反应较弱，甚至可能是负面的。在最近的实验中，社会心理学家发现，吸入少量催产素之后，荷兰学生能更快地将荷兰名字与积极的字眼联系起来，但面对德国或阿拉伯名字，却会将其与消极字眼联系起来。另一些实验将学生们置于经典的哲学困境下：他们是否愿意用一颗炸弹炸死一个卡在山洞入口的人，以解救出另 5 名困在里面的人？在某些情况下，卡在洞口的人有一个典型的荷兰名字如马腾，另一些情况下，他有着典型的阿拉伯名字如穆罕默德，或者德国名字如马库斯。吸入无效对照剂的学生牺牲马腾、穆罕默德和马库斯的概率相同，但吸入催产素的学生就不大可能牺牲马腾，而更愿意牺牲穆罕默德和马库斯。催产素令他们重视荷兰同胞的生命甚于阿拉伯或德国人。催产素可不是毫无条件地促进感情的，它只增进群体内成员间的感情，对外人则并非如此。

> 催产素能促进群体内成员之间的感情，但面对群体外部的成员时，它的效果较弱，有时甚至会带来负面效果。

挚爱的人属于"终极"的圈内人，尤其能够满足马斯洛的从属动机（affiliation motive，有时也译作"亲和动机"），但有时候，他们不能及时地为我们来上一针催产素。但好消息是，浪漫的伴侣不一定非得在身边才能充当心理止痛药。就像老电影里演的那样，士兵们在上战场前总会拿出亲人的照片来鼓励自己，而近来的研究表明，在困难的时候凝视亲人的照片是很明智的举动。

在加州大学洛杉矶分校进行的一项实验中，神经学家对一些妇女进行测试，想知道她们在看着自己长期的爱情伴侣的照片时是否更能承受痛苦。实验者将一系列的"热刺激"（让人疼痛的热探头）放在 28 名与人有着 6 个月以上婚恋关系的女性前臂。在放探头的时候，有些妇女们看的是自己爱侣的照片；另一些妇女们看的是与自己同一族裔的陌生男性的照片；还有妇女们看到是物体，比如一把椅子或者电脑屏幕上的一团黑色图形。探头总会带来一些疼痛，但看着自己爱侣照片的妇女，对疼痛的评分平均降低了5%。事实上，照片比真正握着伴侣的手更能有效地麻痹痛感。

> 想象中的社会支持有时能与真正的、活生生的社会支持一样，起到麻痹痛苦的效果。

挚爱之人的照片是强大的止痛药，因为它们激活了大脑中的两个关键部位。第一个部位叫作腹内侧前额叶皮层（VMPFC），位于大脑前面眼睛的正上方，近来，它吸引了神经科学家大量的关注，人们对它们功能的认识不断增长。从减少疼痛的角度来说，腹内侧前额叶皮层会释放出类似催产素的安全、无风险的信号，在一定程度上压过了身体的疼痛感。尽管探头所带来的肢体体验并没有区别，但腹内侧前额叶皮层降低了痛感，这就类似亲人在你耳边低语："一切都会好起来的。"同时，爱人的照片还激活了大脑的奖励中心，分散了我们对痛苦经验的注意力。腹内侧前额叶皮层和这些奖励中心一同激活，引发安全感，传递无风险的信号，产生广义上的幸福感，从而减少了人内心的痛苦。

马斯洛强调了爱情、亲情和友谊的重要性，不仅是因为它们对我们的心理幸福负有责任，也因为它们在更深刻的生物层面上对我们产生着影响。催产素激发了构成母亲与婴儿之间社会纽带所必需的信任，有时又能推动互相提防的对手打破棘手的冷场局面，同时，光是看到或想到亲人，就能激活大脑里麻痹身体疼痛的部位。在讨论了爱情与亲情的重要性之后，马斯洛转向了模型的最顶层：追求道德的动机，以及实现个人潜力的动机。

自我实现需求：需求理论的最顶层

孩子天真无邪，爱憎分明，而我们中大多数人则思想邪恶，欺软
怕硬。

——G. K. 切斯特顿

除了阿尔伯特·爱因斯坦和少数几位可敬的同事，马斯洛最初很难确认什么样的人属于完成了自我实现的人。他认为，要体验到自我实现所定义的那种自我接受和道德明确（moral clarity），要用一辈子的时间，所以，他或许会对60年后一篇论文所公布的结果感到惊讶。马斯洛的着眼点主要是中年和成熟，而发表该篇论文的研究人员则意识到，童年的天真无邪才是我们道德明确最纯粹的标志。

实验
故事

在一些实验中，一组参与者尽量详细地写下了自己愉快的童年回忆。有些参与者的回忆专注于自己与朋友玩耍或是一起学骑自行车，这时候，回忆唤起了童年的温暖形象，其余的参与者唤起的是来自高中的愉快回忆。研究人员推断，高中的回忆并不比美好的童年回忆逊色，只不过，它们未能唤起随着我们进入青春期后日益减弱的纯真感。在接下来的实验中，研究人员问参与者是否愿意将自己完成实验所得报酬中的一大部分捐献给一家日本震后慈善机构。很多参与者都很慷慨，但总体来说，如果参与者回忆的是童年，他们捐献给慈善机构的比例高达报酬的40%，而回忆高中的人捐款所占报酬比例仅为24%。

在其他研究中，回忆童年的人在实验正式结束后更乐意帮助实验人员完成任务，对他人不道德的行为也变得更挑剔，这是他们回忆童年纯真后道德标准提升的标志。

研究人员还希望证明这些差异受纯真与美德的想法所驱动，所以，他们请全体学生完成一系列完形填空题。比如，学生们需要根据以下残缺的字母，P＿R＿，M＿R＿＿和V＿RT＿＿，写出自己脑海里想到的第一个词。受童年回忆引导的学生，因其对纯真的关注，应当更容易想到PURE（纯真）、MORAL（道德）和VIRTUE（美德），而未受童年引导的学生则应该更容易想到PORE（毛孔）、MURKY（阴暗）和VORTEX（漩涡）。研究人员的这种推测在实验里得到了证实。专注于童年回忆的人，65%的完形填空填的都是与纯真有关的单词，而回忆高中生活的人中只有42%填入了与纯真相关的词。在其他的研究中，研究人员发现，就算人们认为童年是自己人生中的一段艰难时期，这些影响仍然存在，因此，童年的纯真（而非愉快）令人感受到了马斯洛所描述的自我实现状态下的道德明确感。

　　对童年的回忆激发道德明确感，因为它会让我们回想起道德变得复杂之前的时光。随着人们走向成熟，我们的道德决定背上了妥协和冲突原则的包袱。孩子知道偷窃是不对的，所以他们不会为替生病的妻子偷窃药物的穷光蛋开脱，但这个决定对成年人来说就复杂多了。流行文化可能会建议你审视内心，以此判断什么是真正正确的，而且，研究人员也已发现，如果人们被迫盯着自己的内心镜像，确实会更诚实。要是你表现不好，你的镜中形象会批判你道德沦丧。在奥斯卡·王尔德的小说《道林·格雷的画像》（*Dorian Gray*）中，道林是个英俊的男人，尽管做着越来越不道德的行为，仍保持着青春美貌。与此同时，一幅放在他家阁楼上的肖像画却奇迹般地变得越来越狰狞，反映了他日益丑陋的灵魂。和道林·格雷的画像一样，从镜子里观察我们自己，让我们自省、自我审视，当我们做出不道德的行为时，我们的镜像似乎会批判我们。

　　20世纪70年代中期，社会心理学家请一所大学的学生用5分钟时间完成一个简短的测试，旨在衡量其思想的复杂性。学生们必须解开一系列字谜，但他们没法在规定的5分钟内完成整张问卷。研究人员告诉学生们，5分钟后会有铃声响起，这时候就应该停笔，不得再继续答题，不然就算作弊。一些学生坐在一面大镜子前完成测试，录音机里播放着自己的说话声，而另一些学生解字谜的时候看不到自己，录音机里播放的也是别人的声音。与此同时，实验人员透过单向玻璃观察学生，数着有多少学生在 5 分钟铃响以后继续答题。结果非常惊人：坐在镜子前看着自己答题的学生，只有 7% 作了弊；而无须看着自己镜像的学生，作弊比例高达 71%。

> 人们在想做出不道德行为的时候，他们的镜像就变成了监管自己行为的道德警察。

我们很难确定那些表现得更为诚实的学生是因为坐在镜子前看到了自己，还是因为听到了自己的声音，但另一些研究人员发现，只是看着镜子，人们就会做出更合乎道德的行为。20 世纪 90 年代末，一群社会心理学家开展了一系列研究，旨在说明人在言语上会比其实际行为表现得更有道德。研究方法非常简洁直白，研究人员告诉学生们，要安排他们与另一位此前没有见过面的学生合作完成两项不同的任务。任务之一比较有吸引力，因为它有可能获得奖励；另一项任务不怎么吸引人，因为没有奖励。在学生们得知这两项任务后，研究人员问他们，是应该分派自己还是合作伙伴去完成那件有吸引力的任务。显然，学生们都愿意分派自己完成有吸引力的任务，让合作伙伴去完成没吸引力的任务，但他们同时赞成通过投掷硬币来决定谁完成哪一项任务更公平。按照概率法则，如果学生们是公正地使用硬币，那么他们自己会有一半的概率分到好任务，而被分到没有甜头的任务的概率为另一半。

尽管所有学生都掷了硬币，但研究人员发现，85% 的学生都把好任务分配给了自己，这说明硬币只是一个道具，让他们能为这个结果的公平性开脱。因为没有人监督，你完全可以想象学生们会怎样面对不好的结果：如果投掷硬币的第一轮输了，他们或许马上会改口，说要三局两胜才算数。

研究人员又做了一次尝试，只是这一回在学生们前面摆了一张镜子。学生投硬币的时候必须看着自己的身影，于是他们投硬币的行为变得非常公平，把好任务分配给伙伴的比例恰好是 50%。令人难以置信的是，学生们声称，自己在两种情况下得出的决定都是公平的，但事实上，只有坐在镜子前的学生们才真正遵照了投硬币所得的结果。

> 当与我们不同的人出现在我们身边，或仅仅是在我们脑海中闪现时，我们的想法、行为和感受都会变得不同。

我们每天都会遇到各种不同的人，其中许多人都能让我们满足马斯洛在需求层次理论中所确定的动机。这些人中有些是陌生人，有些是熟人，有些与我们的身份认同深深地交织在一起，很难想象如果没有他们，我们如何还能是原本的那个自己。有些人是"圈内"人，与我们有着相同的种族、民族、宗教信仰和语言背景，而另一些人则属于与我们不同的群体。每当这些人出现，不管是真正出现还是仅仅出现在我们的脑海里，我们的想法、行为和感受都会变得不同。我们早已在人与个性特征之间形成了深刻的联想，因此相同的遭遇会激起千差万别的反应。在这些反应里，有一些是有益的，但另一些却成了我们达成目标和实现愿望之路上的尴尬障碍。这些反应很神奇，它们源于激素且并非我们有意而为之。

我们在这两章中讨论的每一种社会互动也都存在于更大、更宏观的文化背景之下。文化指的是分享着共同认识、价值观、目标和实践的群体。不管是较大的宗教、运动团体还是针织爱好者的小圈子，都属于一种"文化"，每一种文化都有自己的特质。一些文化背景温柔地包裹着我们，为我们提供社会支持和友爱的感觉，而另一些文化背景则帮助我们通过被其"染色"的透镜去理解世界。这种文化透镜深刻地影响着我们所看到的东西，进而塑造了我们对万事万物（从物体到人，再到诸如数学、荣誉和艺术等抽象概念）的认识。

Drunk Tank Pink

第6章

06

文化：

你接纳的文化就是你观察世界的透镜

透过文化看物体和场所

19 世纪后期，德国精神病学家弗朗茨·缪勒－莱尔（Franz Muller-Lyer）设计出了世界上最有名的一种视错觉。因为便于重复又很难撼动，这一错觉流行开来。它始于一个简单的问题：图 6-1 中的两条直线，哪条更长？

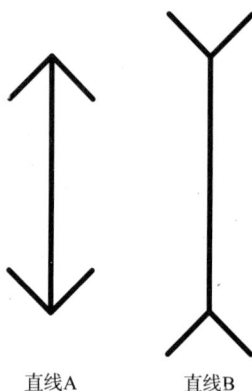

直线A   直线B

图 6-1　缪勒－莱尔错觉

缪勒－莱尔检测过的几乎所有人的回答都一样：直线 B 显得比直线 A 要长。事实上，这两条直线长度一样，请看图 6-2 对这一错觉的修正：

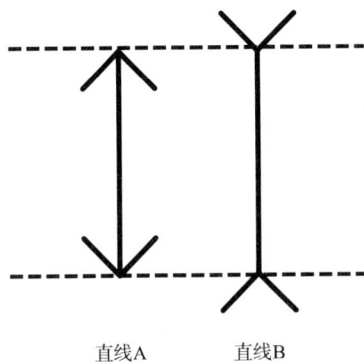

直线A   直线B

图 6-2　修正后的缪勒 - 莱尔错觉

　　几十年来，视觉研究人员都以为，这一错觉道出了人类视觉的一部分本质。如果他们把这一错觉向视力正常的人展示，后者会相信，箭头向内的直线看起来总是比箭头向外的直线长。在 20 世纪 60 年代前，这一假设并未得到真正的检验，因为那时，几乎所有看过这一视错觉的人都来自"怪异国"（WEIRD）：这是文化心理学家所用的缩略语，指西方的（Western）、受过教育的（Educated）、工业化的（Industrialized）、富裕的（Rich）和民主的（Democratic）社会。

实验
故事

　　20 世纪 60 年代初，3 位研究人员把这一错觉向来自 15 个不同文化群体的 2 000 人作了展示，纠正了这一错误的成见。错觉骗倒了最初的几组受试者。住在伊利诺伊州埃文斯顿的成年人平均感觉直线 B 比直线 A 长 20%；来自西北大学附近的学生和来自南非的白种成年人认为直线 B 比直线 A 长 13% ～ 15%。接下来，研究人员动身前往更远的地方，测试了若干非洲部落的居民。来自南部非洲的布须曼人（Bushmen）完全不受错觉的欺骗，认为两条直线长度几乎相等。来自安哥拉北部的苏库族人（Suku）和来自象牙海岸的贝特族人（Bete）也都未受错觉欺骗，或认为直线 B 只比直线 A 略长一点。数十年来，缪勒 - 莱尔错觉欺骗了成千上万来自"怪异国"的人，但它并非普遍现象。

为什么西方人会坚持认为直线 B 比直线 A 长，而在视觉和神经解剖学方面与他们没有区别的非洲布须曼人和其他原始部落居民不会受到幻觉困扰呢？既然不存在生物差别，那么答案自然在于文化因素。和大部分西方世界不同，布须曼人、苏库人和贝特人所居住的世界里少有直线。他们居住的房屋通常是茅草建的，外观常为圆形，内部也缺少在西方世界随处可见的直线条。他们生活中的大部分时间所看到的都是有着草原、树木和水体的自然景观，它们同样也不是几何形状的。

这有什么关系吗？年复一年地住在笔直的几何景观下，人逐渐习惯于根据三维可视角度规则来判断物体大小。举例来说，如果你住在这个房间里（见图 6-3）你必须判断加粗黑线之间的两面墙 A 和 B 哪一面更高。

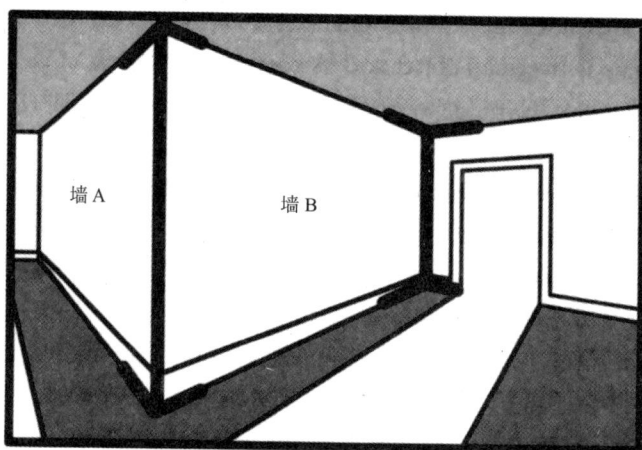

图 6-3　两面墙的线条

按照你多年来住在有着垂直墙面结构的室内所获得的经验，你不需要思索就知道两面墙一样高。墙 A 离你更近，所以它在你的视网膜上投下的影像更大，但你非常熟悉几何角度的基本原理，自动纠正了这一误差。墙 A 与地板、天花板之间形成的线段与缪勒 - 莱尔错觉里的直线 A 很类似，而墙 B 形成的线段又与直线 B 很类似。这样一来，看见类似直线 A 的图形，你就会想到离你距离近的物体看起来大，实际上却并没有那么大；反过来说，类似直线B的图形会让你想到距离远的物体看起来小，实际上却很大。你在脑内自动完成了这些纠正，所以直线 B 看起来比实际长（一如墙 B 实际上比看起来要高），直线 A 看起来比实际上更短（一如墙 A 实际上比看起来要矮）。这样的直觉根植于文化体验中，而布须曼人、苏库族人和贝特族人并没有这样的直觉，因为他们很少接触类似的几何结构。

不少这类文化差异可以追溯到数千年前。为现代西方哲学奠定了大部分基础的古希腊哲学家，往往倾向于把物体从背景中抽离出来进行分析，而古代中国的哲学家却更关注物体与其背景之间的关系。几千年后，西方人与东方人感知世界的方式，仍然因为这些差异而有所不同。

实验
故事

在一项实验里，研究人员让中国和美国的学生研究一系列照片，这些照片都有一个中心物体，也都有相应的背景。例如，在一张照片中，一头老虎站在树林中的溪流旁，而在另一张照片中，一架喷气式战斗机背后映衬着高山。之后，研究人员给学生们看了一系列新照片，问他们是否看到了刚才的照片中处于前景中的物体。大部分学生都很擅长这一任务，正确率高达 70%，但这里有一个很明显的例外：如果实验人员将物体放到新的背景下，比如把老虎从森林里移动到草原上，或是把飞机换到布满云彩的天空上），中国学生就会感到迷惑。他们答题的准确率降到了 60% 以下，对于刚才的照片是否呈现了该物体这一问题，差不多需要靠猜测回答。

研究人员检验了中国学生记忆图像时眼球的运动，答题困难的原因也就变得清晰起来。美国学生把大部分注意力都放在前景物体上，对背景几乎未作关注。美国学生是在通过亚里士多德的眼睛观察物体，而中国学生却是在通过儒家的透镜在观察场景，他们对背景和物体的关注差别不大。物体出现在新的背景里时，中国学生会犯糊涂，因为他们已经形成了物体处在先前背景中的记忆，而美国学生却几乎没留意过背景。

西方人比较注重个体元素，东方人则比较重视集体元素。

透过文化看人

文化遗产对我们如何感知人与社会间的互动也有类似的影响。一如中国人比美国人更爱把焦点放在背景而非物体上，中国人还相信，人们是互相重叠的实体，与生活中的其他人息息相关。西方人（如来自美国、加拿大、西欧、澳大利亚和新西兰等国的人）则更愿意相信自己与他人不同，就算与朋友或爱人异常亲近时，他们仍然认为自己是独立的个体。这种哲学信仰叫作"个人主义"，与东亚人（如日本人、中国人和韩国人）的集体主义信仰非常不同，后者认为，人人都是相关的，我们的身份是交叠的，我们的行为应当有利于整个群体而非个人。诚然，来自两种不同文化群体的人都意识到自己既是个体，也是群体的成员，但对西方人来说，个体元素更重要，而东方人则相对更重视集体的元素。

实验
故事

在一系列实验中，研究人员要求美国和日本的学生阐释站在画面正中央的卡通人物的情绪，画面背景中还有其他 4 个卡通男女。有时，画面中的 5 个人有着相同的表情，有时，前面的人物跟他身后的人物表情不同，如图 6-4 所示。

研究人员要学生们判断中心人物的情绪（是快乐、悲伤还是愤怒），72% 的日本学生说，自己没法忽视背景中人物的情绪，而只有 28% 的美国学生有相同的反应。如果背景中的 4 个人物表达了与中心人物不同的情绪，日本学生会很自然地判定画面中心的人物没那么快乐、没那么悲伤或是没那么愤怒。和前文提到的老虎与战斗机实验一样，日本学生花了大量时间观察背景中 4 个人物的面孔，而美国学生几乎完全只看画面中央人物的脸。

图 6-4　表情不同的情况

美国人认为自由（liberty）和个人自由（individual freedom）都是理所当然的美德，但东方人更关注集体福祉。文化研究人员对后者产生了疑问：较之特立独行，他们会不会更看重和谐与一致的价值？曾有人分析过美国和韩国的 300 多家报纸和杂志上的广告中"独特"与"一致"两个概念出现的频率。一些出版物以商业及社会评论为主要内容，如美国的《钱经》《纽约时报》和韩国的《商业周刊》《深泉》，另一些出版物则以女性和青少年为目标受众。几乎所有的韩国广告都在倡导传统、一致和跟随趋势的价值；而几乎所有的美国广告都在强调选择、自由和独特。一个韩国广告宣称，"10 个人里有 7 个都在使用这款产品"，这样的广告词恐怕会把美国消费者吓跑。相反，美国的一个广告则说："互联网并不适合所有人。但话说回来，你并不是所有人。"这种观点恐怕会冒犯韩国消费者的集体主义情操。

这些广告也反映了集体主义者和个人主义者实际行为方式的不同。社会心理学史上最有名的一个研究项目，是 20 世纪 50 年代所罗门·阿希（Solomon Asch）在美国进行的关于人类顺从性的调查。

20 世纪初，阿希在波兰长大，20 年代才随父母搬到了纽约布鲁克林区。小时候的逾越节上，他坐在父母身边，问父亲为什么向玻璃杯里倒满葡萄酒，放在一个没人坐的空座位前。父亲回答说，那杯酒是为先知以利亚保留的，那一刻，小所罗门真的相信杯里的葡萄酒仿佛少了一些。小时候对暗示性和影响力的沉迷，让阿希一生都沉迷于顺从性和洗脑宣传的研究，尤其对在第二次世界大战即将拉开恐怖序幕期间纳粹德国所进行的洗脑宣传感兴趣。于是，他设计了一项研究，检验人类顺从性的极限。

实验故事　在标准版实验中，7 个人坐在房间里完成一个简单的任务：判断图 6-5 的右图中哪条直线与左图中直线的长度相同。

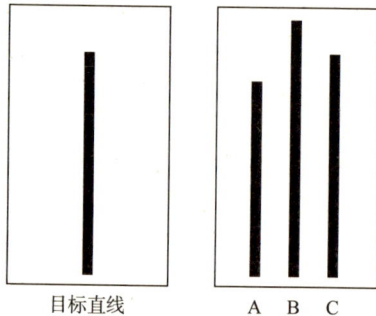

目标直线　　　　A　B　C

图 6-5　顺从性试验

这个任务很平常，因为答案很明显是 C，但实验设计了一个巧妙的转折。最后一个要大声回答的人是不知内情的参与者，他不知道实验要检验的到底是什么。他也不知道另外 6 名参与者都是实验者的助手，他们被事先告知，要全体一致地回答说，正确答案是 B。随着实验的进行，前面 6 个人一个接一个看似随意地说"是直线 B",而研究人员则记录下第 7 个人的反应。不知内情的参与者越来越激动,起初他好奇自己是否误解了实验的指示,之后又怀疑房间里的其他人在搞恶作剧,但其他人面无表情,毫不动摇,然后便轮到第 7 个人回答了。阿希做了数百次尝试,发现在所有的美国参与者中,大约有 30% 的人附和了房间里其他人给出的错误答案,即"直线 B"。这个结果很有力量,因为它表明,尽管美国人整体上的确看重特立独行和自立的个人主义价值观,但仍然会屈服于社会影响带来的压力。

> 美国人虽然通常重视独特和自立等个人主义价值观,但还是不免屈服于社会影响的压力。

和缪勒 - 莱尔错觉一样,研究人员花了一些时间调查阿希实验在其他文化里的反响,并最终在全球范围内作了检验。在其他推崇个人主义的国家,从英国到荷兰,实验的结果相差无几,但在集体主义盛行的国家,差异就很大了。日本的参与者中有 50% 向社会压力低了头,加纳人中有 47%,斐济人中有 58%。顺从(通往社会和谐的途径)偶尔会出现在个人主义盛行的美国,但它在重视集体主义观念的文化环境中更常见。

不同的古代哲学风格反映了个人主义者和集体主义者之间的这些显著差别,但为什么古希腊人追求个人主义的哲学,儒家却奉行集体主义的哲学呢?对于个人主义和集体主义的终极起源,研究人员中仍然存在争论,但近年来有人提出了一个有趣也颇具争议性的理论,他们认为,这些趋势或许反映了致病微生物的浓度。集体主义社会有可能是在病原体密度很大的地区发展起来的,因为集体主义者比个人主义者更担心外来人口,更不可能承担引来疾病的风险。这种对外来人口的排斥态度或许为集体主义社会带来了好处,因为它为不带抗体的人们屏蔽了外来的疾病。相比之下,个人主义者更容易离开群体和外来人口互动，等他们冒完险回到自己的社群，新型疾病就传播开来。随着时间的推移，集体主义文化在充斥着病原体的地区蓬勃发展起来，而个人主义文化却因为疾病的肆虐而走向衰落；与此同时，个人主义文化在危险病原体较少的地区得以繁荣。强调个人主义的文化往往更勤奋、更爱冒险、更具创造力，所以，只要不受到传染性疾病的威胁，它们的发展就能超过集体主义盛行的社会。

实验故事　　2008 年，一些美国和加拿大心理学家进行了一项研究，比较了历史上侧重个人主义和集体主义的地区的微生物水平。研究人员将世界分为近 100 个区域，并请两名专家级文化研究员评估了每一区域的个人主义和集体主义程度。文化专家按 1 分（非常集体主义）到 10 分（非常个人主义）为每个区域打分。个人主义区域包括美国（得分为 9.55）、英国（8.95）和瑞士（7.90），而中国（2.00）、尼日利亚（3.00）和葡萄牙（3.80）则相对属于集体主义。介于两者之间的区域包括罗马尼亚（5.00）、西班牙（5.55）和南非（5.75）。两个关键指标之间的关系非常强，也就是说，历史上病原体水平较高的区域，往往比病原体水平较低的区域更强调集体主义。研究人员得出的结论是，环境的压力很可能造就了世界上每一片地区特定的长期文化模式。

虽然研究人员仍在争论集体主义和个人主义的起源，文化却持续不断地塑造着人的思想，除了对物理世界和社交世界的看法之外，文化体验还塑造着我们对抽象概念的诠释方式，比如数字之间的关系、绘画的最佳方式以及面对故意侮辱时是战斗还是逃跑。我们满足于对这些抽象概念的文化理解，以为自己的观点是特殊的、必然会形成的，但即便是数学领域的硬性概念也可以得到文化角度下的重新诠释。20 世纪 80 年代末，一位研究人员在巴西偶遇了一群在街上卖糖果的穷孩子，他发现，要教孩子们学会加减法，并非只能用西方的方式。

文化体验不仅会影响我们看待外在世界及社会的想法，也会塑造我们建构抽象概念的方式。

透过文化看数学、艺术与荣誉

　　在西方世界，家庭富裕的 10 岁孩子在学校里学习加减法，而在世界上许多其他地方，穷苦的 10 岁孩子却只能把相同的概念视为谋生的工具而进行自学。位于巴西东北部的累西腓是一片很大的城市区，穷孩子们很小就要上街兜售糖和水果。他们不曾接受过任何学校教育就蹚进了买卖的深水区，如果有谁不够小心谨慎，就会被骗子用两雷亚尔的钞票换走一张 5 雷亚尔的钞票（雷亚尔是巴西货币单位），于是，孩子们飞快地学习加减法，掌握讨价还价和太快让步的区别。20 世纪 80 年代，一些研究人员来到累西腓，发现这些街头的穷孩子们对数学概念的认识已经相当成熟，西方同龄的孩子要在学校受好些年的教育才能达到近似的水平。研究人员要这些小商人完成若干数学任务，也把类似的题目布置给了附近郊区一所公立学校的同龄学生。

实验故事
　　有一项任务是这样的：将总数为 17 300 克鲁赛罗（当时的货币单位，现已改为雷亚尔）的 17 张钞票加起来。另一项任务是：判断是每袋棒棒糖卖 200 克鲁赛罗还是 7 袋棒棒糖卖 1 000 克鲁赛罗挣得多。

　　不卖糖和水果的累西腓小学生和农村孩子们在计算钞票时很痛苦，回答正确率仅为 30% ～ 50%，但小商人们的正确率高达 82%，就连误差率也比较小，一般离正确答案不超过 200 克鲁赛罗，而小学生们的准头就差得多了。小商人们在收入计算任务方面也表现得好很多。78% 的小商人正确地指出，每袋棒棒糖卖 200 克鲁赛罗的收入比 7 袋棒棒糖卖 1 000 克鲁赛罗要多；小学生的回答正确率仅为 50%，不上街卖东西的农村孩子的回答正确率更是只有 24%。

实验人员问街头小商人他们为什么表现得如此出色时，孩子们解释说，他们把较大的数字分成了较小的数字组成。举例来说，他们不是一张一张地将 17 张钞票加起来的，而是将其分为便于计算的群组：一张 500 克鲁赛罗的钞票，两张 200 的，一张 100 的，加起来等于 1 000 克鲁赛罗；之后，把这几张钞票放到一边，计算剩余的 13 张钞票。对另一项任务，他们给出的解释也很相似：如果一袋棒棒糖价值 200 克鲁赛罗，那么卖两袋就可以得到 400 克罗赛罗，3 袋 600，4 袋 800，5 袋 1 000，这比 7 袋棒棒糖才卖 1 000 克鲁赛罗要划算多了。虽然没受过正式的数学教育，这些孩子们却生活在一个不得不掌握这些技能的文化环境中。虽然他们很快就学会了加法，可以计算不同买卖的利润，但从另一方面说，他们在阅读书面数字、比较不同数字大小时却并未有更佳的表现，因为这些任务并非街头叫卖的必要条件。

数学与艺术似乎占据着文化光谱的两个极端，前者普遍而持久，后者呈现在地性，又总在不断变化，但两者间也有着相当多的共同点。艺术家达·芬奇同时也是数学家达·芬奇，他的画作《蒙娜丽莎》和《最后的晚餐》很能抓人的眼球，部分原因就在于它们都遵循某些能达成视觉和谐的数学定律。和许多古代东亚的雕塑和建筑物一样，这两幅画作的比例都符合所谓的黄金分割，长边约为短边的 1.618 倍。黄金分割最初是由毕达哥拉斯在公元前 5 世纪提出的，据说符合普遍的审美，在数十种文化中，人们在设计建筑和创造艺术时都会采用黄金分割。

尽管黄金分割具有普遍性，不同的文化并不总能在"是什么构成了艺术品的吸引力"这一点上达成统一。研究人员调查了近500幅著名的西方和东亚肖像画，他们发现，在西方作品中，主人公的面部平均占据了画布上15%的面积，而在东亚作品中仅为4%（见图6-6）。还有人对Facebook个人资料上的照片做了类似的分析，在来自得克萨斯州和加利福尼亚州用户的样本中，12%的人上传的是除了自己的面孔外没有其他背景的照片，而在来自中国香港、新加坡和中国台北的样本中，仅有1%的用户选择了类似的无背景特写。

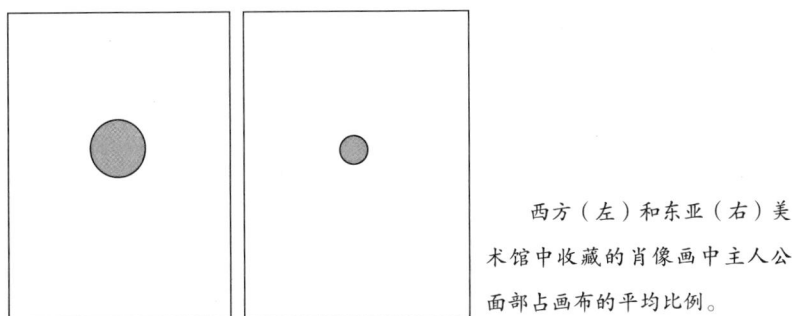

西方（左）和东亚（右）美术馆中收藏的肖像画中主人公面部占画布的平均比例。

图6-6 东西方肖像画对比

这些审美意识并不仅仅表现在文化遗产上。同一批研究人员要求美国和东亚的学生画一座房子、一棵树、一条河和一个人的场景，美国学生的画里更强调房子和人，而东亚学生则更关注背景，为画面增加的背景细节比美国学生多74%。研究人员又要求这些学生为4名模特拍照，美国学生将模特的面孔塞满了整个构图；相比之下，东亚学生则更强调模特的身体和房间的背景，模特的脸在画布上最多只占1/3。研究人员还对每一种文化里的人群做了尽量广泛的采样，从涉世不深的学生到艺术泰斗，所有人似乎都有着与所属文化相一致的审美偏好。

艺术品的启发性还在于它们反映了文化的理想和关注点。东亚的艺术家一贯喜欢表现为荣誉而死的高贵战士，但西方艺术品里并没有这种概念。比如，日本的杰作倾向于表现未能坚守自己对荣誉的承诺而切腹自杀的武士，美国文化中完全没有这种荣辱观，但美国也有部分地区更为重视荣誉。在这些地方，如果杀人是为了捍卫行凶者个人或其爱人的荣誉，那么其行为更容易得到他人的原谅，哪怕从普遍意义上来说，杀人是应受谴责的。

举个例子，假如你有一家公司，想聘用一名新员工。应聘信如洪水般涌来，你发现了数十名符合条件的申请人，但有一封信特别出众。申请人是位工作努力的 27 岁男性，似乎很适合这个职位，但他在信里提及的一件往事让你有些担心。

> 我必须对一件事作些解释，因为我觉得我应该说实话，我不希望造成任何误解。我曾犯下过失杀人的重罪。您在向我发来聘书之前大概希望我对此进行解释，以下便是。我因为未婚妻有外遇而与人打了一场架。在我住的小镇上，一天晚上，这个人在酒吧里当着我朋友的面朝我走来并告诉大家，他和我未婚妻上床了，并当众嘲笑我，问我有没有胆量出门来做个了断。我那时年轻气盛，不愿在大家面前退缩。我们走进小巷，他开始揍我。他把我撞倒，又抄起酒瓶。我可以跑开，法官说我应该这么做，但我的尊严容不得我这么做。相反，我从地上拾起一根管子打了他。我不是故意要杀死他的，但几个小时后，他死在了医院里。我知道自己的所作所为是错的。

对此，你将作何反应呢？你认为申请人描述的环境削弱了他行为的严重程度，还是与他的罪责无关呢？他能获得这份工作吗？你会拒绝他吗？

**实验
故事** | 20 世纪 90 年代中期，社会心理学家理查德·尼斯贝特（Richard Nisbett）和多佛·科恩（Dov Cohen）向散布全美各地的连锁店寄送了上百封虚构的应聘信，内容恰如上文。两人将连锁店大致划分为 3 个不同的区域：南部各州（如田纳西州、亚拉巴马州和密西西比州）、西部各州（如亚利桑那州、新墨西哥州

和怀俄明州）与北部各州（如纽约州、马萨诸塞州和密歇根州）。如果你对美国文化有基本的了解（且看过一段时间的美国电视节目），就会意识到这些地区有着不同的文化习俗。

此后的几个月里，连锁店的回信陆续寄达，而且遵循着一套有趣的模式。与北部的连锁店相比，南部和西部的连锁店更愿意向悔恨的申请人提供职位，回信中的语气也较为温和与灵活，许多回信对申请人的行为表示了理解和同情；而北部的连锁店则要么无视，要么不以为然。南部一家连锁店业主发来的信特别形象地说明了受当地荣誉文化激发的想法：

> 至于你提到的过去的问题，任何人都可能陷入你遭遇的处境，那只是一件不幸的事，错不在你。你的诚实，表明你是真诚的……我祝你未来好运。你有着积极的态度和工作的意愿，这正是企业对员工素质的要求。等你安定下来，又在附近的话，不妨顺路来看看我们。

在美国，南部和西部都与错综复杂的家族争斗、意大利式西部片联系在一起，一般而言较为强调传统的性别角色。在研究人员拟定的求职信中所述的情形中，南部和西部的男性更倾向暴力回应，得到原谅的可能性也更大。北部各州则没有这种所谓的荣誉文化，北部的男性并不抱有相同的文化期待。避免使用暴力并不会有损他们的尊严。

这时候，你可能会想，这是不是说南部人和西部人更易接受暴力呢？说不定，他们的反应跟荣誉文化与犯罪性质并无关系。研究人员也很重视这一点，于是他们又发出了另一系列信件，申请人在信中承认自己年轻时曾偷盗汽车养活家人。他同样表示了悔恨，渴望迈出新生的一步。偷车这种犯罪行为无关荣誉和面子，3个地区的连锁店都给予了程度相同的宽容。

尼斯贝特和科恩又进行了第二项研究，付钱给大学报社实习生，让其写一篇有关暴力事件的报道。这次研究里也出现了类似的模式。按照背景事实表，一个名叫维克多·詹森（Victor Jensen）的年轻白人男性刺伤了另一名年轻白人男性，因为后者在一次聚会上嘲笑前者，并辱骂了前者的姐姐和母亲。南部和西部大学里的报社实习生在描写这件事时更容易为詹森的行为辩护，他们说，詹森是因为受到挑衅才无奈地采取了暴力回应。北部大学的报社实习生却没这么宽容，他们认为詹森的行为是不计后果的冲动，而不是面对他人对其荣誉进行攻击时自然的反应。

随着南部和西部的年轻男性走向成熟，他们逐渐学会透过放大镜看待人身威胁。原本可一笑置之的事情被认真看待，人们不得不做出相应的甚至升级的反应。这些反应反映了根深蒂固的荣誉文化，其起源可追溯至 17 世纪北美洲移民最初的定居点。

按照研究人员的说法，有几个因素可以解释荣誉文化只出现在美国部分地区的原因。在北部各州定居的基本上是农民，从移民岁月之初就享受到了有力的法律制度的保障；而南部和西部的主要居民是牧场主和牧民，其生计随时随地受到盗贼和偷猎者的威胁。在广阔的南部和西部，犯罪难以获得惩罚，尤其是在殖民之初，牧民们因此被迫自行解决这些纷争；再加上温暖的天气和普遍的贫困又对暴力和私人维护治安起到了鼓励作用，由此诞生了暴力对抗以及造就当今荣誉文化的长期的家族复仇。尽管一些专家对这样的因果链持怀疑态度，但毫无疑问，西部和南部殖民地的定居者比北部人更信奉决斗、绅士精神和军法概念。这些做法代代相传，荣誉文化就扎下了根，造成了南部和西部人更为暴力的反应，而北部人的反应则要温和许多。

虽然荣誉观似乎是来自传统时代的遗迹，但在荣誉文化中成长起来的男性，仍然与在美国其他地区成长的男性有着不同的反应。

同一批心理学家在系列实验中观察了南北部男性如何面对暗中威胁到自己男子气概的侮辱。在每一次实验中，他们都要求大学男生穿过狭长的走廊从一间教室去往另一间教室。受试者穿过走廊时，有一部分人被迫与从另一个方向走来的实验人员安插的助手擦肩而过。这时，助手会撞上受试者，并低声嘀咕一句："混蛋。"实验中的另一些受试者则会顺利穿过走廊，对面走来的学生走过他们身边，什么话也没说。

受到侮辱的男性显然为助手的敌意感到吃惊，但南部人和北部人的反应大不相同。附近的两名观察员检视了这些男性的反应，他们发现，在南部长大的学生中，85% 的人感到气愤多过有趣；在北部长大的学生中，65% 的人则是感到有趣多过气愤。等学生穿过走廊来到另一间教室，研究人员要他们将一个男人受辱的故事（跟受试者刚才碰到的事情没多大不同）补充完整。3/4 的南部人在补完的故事中都提议说，受辱的男人应该以暴力回应，或是给予对方同等侮辱，但只有 41% 的北方人给出了类似的提议。在其他研究中，实验人员测量了受辱的南部人的激素反应，发现他们与压力相关的皮质醇和与攻击相关的睾丸激素都出现了急剧上升。

在第三轮实验中，研究人员又要学生们从同一条走廊回到最初的教室。这一次，学生们要被迫与另一名作为助手的高大男生（身高 1.90 米，体重 90 多公斤）迎面而过。观察员仔细观看了学生们回应这个模拟胆量游戏的方式。他们发现，所有的北部人，以及先前没受侮辱的南部人，都与这名高大男性保持了一米以上的距离。相比之下，受过侮辱的南部人则拒绝让步，他们会等那名迎面而来的壮汉只与自己相隔一尺来远时才让开。之后，受过侮辱的南部学生在跟另一名小个子（身高 1.70 米，体重 50 多公斤）的助手接触时也表现得很好斗，并在问卷中承认，他们觉得自己的男子气概受到了挑战。北部人几乎不会认为自己受了侮辱，南部人却试图通过一连串的好斗行为来重申自己的阳刚之气。

后来的研究表明，荣誉文化会带来更严重的后果：南部人年轻时死于与冒险、男子气概等相关偶然事故的比例更大。每种文化都有各自特殊的不安全感，因此，在一种文化中被视为破坏男人荣誉的侮辱，放在另一种文化中只是人际间的小摩擦。南部各州对荣誉的重视，说明了古老的恐惧和不安如何在模糊的相关背景（哪怕此刻与那些不安全感最初出现的年代已经隔了千百年）下进行自我表达。这些恐惧还逐渐塑造了该文化中人们对身心疾病的体验。许多症状只会对生活在特定较小文化范围内的人们造成影响，而对住在该文化所引发的焦虑范围之外地区的人则鞭长莫及。

世界各地的文化病

不安全感在一些文化里促成了对男子气概的过度展现，也造成了一些奇特的文化病，只影响属于此种文化的人群。神经性厌食症（anorexia nervosa）患者会因为害怕体重增加而控制自己的饮食，这种病多发于最富裕的国家，因为在这些地方的文化中，苗条才是富有魅力的理想形态，穷困的国家对厌食症闻所未闻，在 20 世纪 50 年代之前，这种病也几乎不存在。与此同时，中世纪的女性容易受神经性厌食症的表亲"神圣节食"（anorexia mirabilis）所害。这些妇女同样拒绝进食，哪怕会因此饿死，但她们的动机来自宗教而非审美。当时的文化强调禁欲主义，认为斋戒是宗教启蒙的关键，禁食几乎等同于圣洁。

一如两种厌食症所示，与文化相关的失调症反映了特定时期困扰特定文化群体的深层次担忧和疑虑。近年来最著名的一个例子当属西非的生殖器萎缩疫情，也叫"缩阳症"（koro）。在 1997～2003 年间，缩阳症在西非 6 个国家蔓延，引起了大量的新闻报道。《尼日利亚先锋报》上的一篇文章描述了当时接踵而至的恐慌：

> 出于宗教仪式目的而令性器官消失的案例出现之后，恐慌就笼罩
> 了高原州（Plateau State）首府乔斯（Jos）的居民。过去一周内，在
> 首府的 6 个不同地区出现了至少 6 宗此类情况，据说与盗取器官者接
> 触之后，男女的性器官便会"消失"。昨日，汪帕姆街上一名中年男
> 子几遭私刑，因为有人称他通过"遥控"，"偷窃"了另一名男性的
> 私处。受害人称，犯罪嫌疑人以问路为名和自己说话，事后，受害人
> 感到器官萎缩。

尽管来自所有文化的人都可能受到妄想的影响，但缩阳症患者真的出现了
一种在世界上其他地区都很罕见的特定症状。心理学家指出，在西非文化中，
有两种信念可能导致这种所谓的"阴茎缩小"癔症出现。第一个是容易将无法
解释的事件归咎于邪恶的巫术。在世界上的其他地方，类似的无法解释的事件
会让人产生疑问，百思不得其解，但西非人却会立刻把这种不如意的事情归结
为超自然力的干预。第二个信念是，巫婆和其他超自然生灵会偷走并吃掉男人
的阴茎和女人的子宫，有时甚至将其扣留，索取金钱贿赂之后才会归还。然
而，虽说患病者疯狂地声称自己的生殖器彻底消失，但接受检验时，其器官却
是完整的。最终，医生解释说，缩阳症患者受一种集体性歇斯底里症的传染，
将疯狂的焦虑转化为真正的错觉，以为生殖器在自己的眼皮下消失了。当然，
在另一种对生殖器萎缩不那么恐慌的文化中，这类错觉有可能完全不同，这反
映了所属文化特定的恐惧和成见。

文化特有病症的例子比比皆是，每一种都反映了患者的生活条件。在有
时过分强调社交礼仪的东亚，最近出现了一种新型恐惧症。"视线恐惧症"
（jiko-shisen-kyofu）患者生怕自己的眼神会触怒或冒犯他人，而"红脸恐惧症"
（sekimen-kyofu）患者则害怕当众脸红带来的后果。这两种恐惧症都仅存在于
东亚地区，因为脸红和视线停留过久在世界其他地区都是微不足道的小问题。

与此同时，如果纽芬兰人在夜里醒来时动弹不得，他们会说这是老巫婆综合征（old hag syndrome）的表现，因为在他们的想象中，有一个灵魂离体的女人正坐在自己胸口。老巫婆是一个神秘又恶毒的女人，在纽芬兰民间传说里有着重要的地位，所以，当地人有时会在体验睡眠麻痹时想到她的形象。世界上其他地区的人也会遇到睡眠麻痹的情形，但他们对这种感觉的解释和理解很不一样。美国精神病学会的官方《精神障碍诊断和统计手册》（DSM）中总共出现了25种与文化密切相关的此类综合征，而该协会在2013年发布新版手册时，这份清单再度变长。

> 文化相关疾病反映了特定时期根植于这个文化群体中的恐惧和忧虑。

在美国精神病学会谈起这类文化特有的疾病时，"文化"指的是什么呢？国家认同会授予人们文化（正如东亚恐惧症的例子所示），但文化也可以来自最小的地理区域、运动队和朋友圈。属于这些群体的人，对世界有着一种共同的信念，而这些信念会给其价值观、希望和焦虑带来影响。世界各地的人都有着相同的生理构造，相同的大脑、眼睛和耳朵，但我们对世界的体验却千差万别。说回受文化影响的疾病，文化信念为人们作了铺垫，让人们体验到了特定的症状。20世纪90年代末，西非人相信自己的生殖器被"抢走了"，而焦虑的东亚人却更容易担心自己违背了长久以来的礼仪准则。尽管这两群人体验到的是完全不同的症状，但这些症状在各自的背景环境下都是完全合乎情理的。

本章中描述的文化差异（从我们看待世界的方式到我们特殊的文化病）似乎在暗示，文化是一成不变的。一旦你浸淫于一种文化中，就要永远受到该文化的规范和习俗的约束。从历史上看，这有可能是真的，因为从前人们住在相互隔离的社群中，很少与附近的其他社群互动。可今天的世界与以前非常不同，现在，数十亿人口在全世界200多个国家内部和国家之间迁徙。

二元文化：沉浸在两种不同的文化中

美国人口普查局每隔 10 年就要对全国人口进行统计和分类，统计发现，人们认同多元文化的可能性远高于 20 年前。在 1990 年的人口普查中，受访者只能选择单一的种族群体，而在 2000 年和 2010 年的普查中，受访者可以将自己与一个以上的族群相联系。事实上，2010 年，有超过 6% 的人口，也即 200 多万人，认同两种或两种以上的种族或民族群体。

二元文化者（即长时间生活在两种文化中的人）体验到的世界和只生活在单一文化中的人非常不同。越南裔美国作家安德鲁·林（Andrew Lam）在接受记者采访时介绍过自己认同两种截然不同文化的体验。林的父亲是南越的一位将军，越战一升级，他就让全家人逃到了美国。而他自己在南越军队投降后才来和家人会合。林生动地记得自己的第一顿美式饮食是一个火腿三明治加一杯牛奶，也记得在南加州的冬天里瑟瑟发抖的过往。按照美国的标准，南加州的冬天很暖和，但比林小时候经历的全年热带气候可冷得多。

这些表面差异与更深层次的文化差异是相匹配的。美国人重视亲情的口头表达，在美国人的家庭和爱情关系中，"我爱你"有着很特殊的地位，而越南人则往往会通过手势来表达他们的爱。林去拜访母亲时，母亲会煮他最喜欢的食物，而他则把所有东西都吃完以示感激。林的父亲是个沉默寡言的人，只有当安德鲁拿下了著名的新闻奖项时，父亲才告诉儿子自己有多么骄傲。林还描述了从集体主义文化转到个人主义文化时受到的冲击。在前一种文化中，社群的利益最重要，在后一种文化中，他要学习如何聚焦自身，比如"追随你的梦"和"努力争取第一"。

美国和越南的文化有着很大的不同，而两者互相冲突的文化信念又很难调和。如果你把社群的福祉放在自己之上，那么就不能优先考虑个人的梦想，除非为社群服务就是你的梦想。出于这个原因，像安德鲁·林这样的二元文化者要被迫进行心理学家所说的"架构转移"（frame switching）。根据架构转移理论，你要么通过这一种文化的架构去感受世界，要么就通过另一种。内克尔立方体（Necker Cube）视错觉很好地再现了这种情形，如图 6-7 中左图所示。

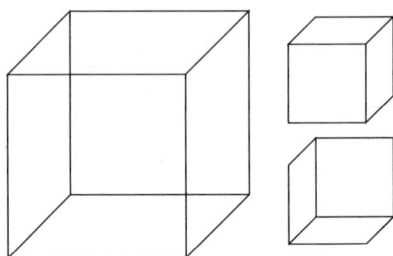

图 6-7　内克尔立方体

　　内克尔立方体本身缺乏关于深度的线索，因此你可以把它看作一个面朝下的立方体（右上角小图），也可以把它看作一个面朝上的立方体（右下角小图），但你不能在同一时间看到两种立方体。二元文化同样如此。尽管许多二元文化者逐渐对新的文化家园感到了舒适和满意，但他们的思维永远是分叉的，在原有文化和新文化的常规之间分裂了。只需要被简单提示过去事情是怎么做的，他们就能切换回"故国"模式。

　　心理学家通过一系列实验对东西方文化中的一点重大差异进行了利用，即两种文化都对社会事件有着独特的解读。举个例子，你看到一个人开着车鲁莽地闯了红灯。西方人更有可能批评开车的司机，认为他不关心他人安危；相反，东亚人（包括中国人）则更倾向于相信司机是被迫开快车的，因为他碰到了紧急情况，也许他要送某人去医院，也许正有人要他到学校去接生了病的孩子。换句话说，人做出糟糕的行为只是在应对环境中的限制，而并非他本身就不负责任。

在一项实验中，研究人员向二元文化者展示了一系列图像，这些图像与构成其二元文化认同中的一种文化有关系。研究人员向在香港的西方学生（对中西文化都很熟悉）展示美国国旗、亚拉伯罕·林肯和超人等西方文化典型的图像，或孙悟空、中国长城、京剧演员等中国文化典型的图像。之后，学生们要完成若干问卷调查，调查旨在检测他们的思维模式更倾向于对哪种文化做出强烈反应。如果香港的二元文化学生读到这样一个故事：超重的男孩跟朋友出去吃晚餐，他吃了富含糖分、高热量的蛋糕。那么，根据该学生是受美国还是中国图像引导，他会对男孩的行为做出不同的解释。受美国图像引导时，学生往往会责怪男孩，认为他自控能力较差；但受中国图像引导时，学生相信男孩所处的局面很棘手，他大概是受到来自朋友的压力才吃蛋糕的。在引导图像的引导下，学生们会通过最容易出现在脑海里的文化透镜来解读世界。

> 许多二元文化者虽然充分适应了新的文化环境，但他们的思维却永远处于分叉状态，分别认同原本文化与新文化的常规。

多元文化：对诸多文化浅尝辄止

不是每个人都有机会浸淫于两种不同的文化当中，但很多人确实体验过多种文化。随着国际旅游、互联网和全球化消费主义的兴起，人们无须移民，就能接触到数十种不同的文化。集体接触某些文化的后果或许并不令人感到惊奇。1993 年，美国电视剧《飞跃比佛利》（*Beverly Hills, 90210*）首次在法国亮相后，对为孩子起名的习惯带来了巨大的冲击。在 1993 年之前的法国，从来没人起过该电视剧中三位主人公的名字：迪伦、布兰登和布伦达。到了 20 世纪 90 年代中期，这三个名字如雨后春笋般冒了出来，迪伦甚至成了法国第六受欢迎的男孩名。另一位主人公凯莉对起名习惯影响很小，这大概是因为 1985 年美国电视剧《圣巴巴拉》（Santa Barbara）出现在法国的屏幕上时已经引入过一位名为凯莉的人物。显然，这种非法语名（迪伦、布兰登和布伦达是威尔士和爱尔兰名字）的兴旺蓬勃，是以对法语名的牺牲为代价的，每当有了异国风情的明星替代品，人们就会抛弃传统的法国名字。事实上，大量法国知识分子都对这种异国名字的兴起进行了口诛笔伐，说它们是 20 世纪末法国文化迅速遭到稀释的部分原因。

　　文化曝光的另一些效果更令人惊讶，也更为微妙，它们出现在人们学习全新文化概念的含义之时。西方人从前并不熟悉中国道教的阴阳符号，但它在新时代和冲浪文化里大受欢迎，最近，我和同事弗吉尼亚·关做了一次调查，所有的受访者都认出了该符号（见图 6-8）。阴阳符号表现的是两股互相对立的力量，比如白天与黑夜、黑暗与光明、男性与女性，它暗示这些对立的力量是平衡的、不断变化的，所以随着时间推移，天空必然会在黑暗与光明之间来回转换。西方人曾对阴阳的含义呈现集体性无知的状态，但越来越多的非亚裔美国人认识了这一隐含着对立力量变化、平衡、不断运动的意义的符号。

　　既然美国人现在已经对阴阳符号比较熟悉，我们想看看他们在做不同判断时，若受到阴阳符号的微妙影响，将如何反应。

图 6-8　中国道教阴阳符号

有一项实验是这样的：我们要求人们想象自己是气象预报员，在一连串的晴雨天之后预测接下来会是晴天还是雨天。对每名参与的学生来说，问卷的大部分内容都是一样的，只不过一半问卷在页面顶端印着一个小小的阴阳符号，而另一半的问卷则印有一幅美国大陆的微型地图。阴阳和地图符号都被巧妙地包装成了文具公司标志的一部分，就好像印刷问卷的公司采用了这两个符号为标志一样。

尽管几乎没有学生在完成问卷后还记得自己见过问卷上的符号，但因为接触了阴阳符号或美国地图符号，他们对天气的预测情况存在明显的差异。由于阴阳符号意味着变化和平衡，与接触地图符号的学生相比，接触阴阳符号的学生预测天气将出现更多的变化。因为接触了阴阳符号，这些美国白人学生采用了比较典型的中国式思维。后来，我们又考察了美国和中国的天气预测趋势，我们发现，在面对世界范围内的气候模式时，中国的天气预报员比美国预报员预测的变化更多。

我们在让曼哈顿华尔街地区的职员完成一份股票投资问卷时也发现了相同的规律。我们给了职员虚拟的 1 000 美元资金，要他们投资 9 只不同的股票。一些股票最近明显很受欢迎，在此前的 6 个月里出现了明显的收益；另一些股票的表现则比较含糊，有时升，有时跌，但整体表现比前一组股票差得多（见图 6-9）。

由于美国人预测趋势会持续下去，我们预计参与者会更偏好近期上涨的股票，除非用阴阳符号提醒他们："有涨就有跌。"我们询问职员的时候，他们压倒性地选择了之前上涨的股票，但如果我们的研究助理来的时候穿了一件印有阴阳符号的 T 恤，情况就不一样了。和在天气预测研究中一样，阴阳符号会引导职员们考虑升值股票出现变化的可能性，所以，和看到穿白 T 恤的助理的参与者相比，他们会少投给升值股票 160 美元。

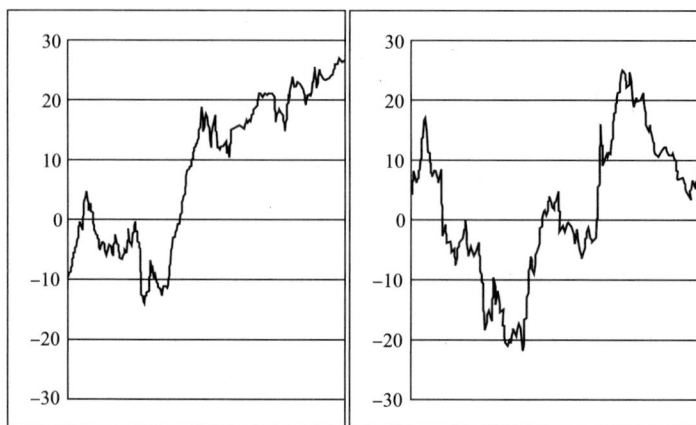

图 6-9　金融投资研究中使用的股票图例

　　受访者在旅行中走过的地区越多，或是越清楚阴阳符号的含义，上述效应也就越强烈。这里有一个浅显的道理：就算是只住在美国境内某个地区的美国人，也容易受到不同文化的影响，因为他们会越来越多地接触到外国文化符号，在全球化娱乐、互联网和廉价跨国旅游出现之前，这些文化符号是其祖先很少甚至从未接触过的。

　　文化是思想里一种无处不在的强大成分，它不仅决定了我们怎样阐释天气、股市变化等瞬时事件，还决定了我们对疾病和人身威胁的体验。文化之所以强大，部分原因在于它们无处不在，从出生到死亡，它们都以规范、习惯、理想的形式包围着我们；另一部分原因在于，我们很难让自己的思想免受文化的影响。名字、符号和社会互动吸收着我们的部分精神能量，同时，哪怕我们心不在焉，也会从一种文化环境进入另一种。我们只能生活在一个特定的国家，与特定的群体互动，或是追求特定的利益，这些经历不断塑造着我们，我们根本意识不到自己的世界观是这些多元而独特的文化规范的混合产物。

　　在前面的三章里，我介绍了社会世界（即人类之间的世界）怎样塑造了各种不同的结果。这些影响的一部分来自生物性起源，如第 4 章里受众释放的能量、第 5 章里睾丸激素导致的冒险倾向以及催产素带来的母子亲情纽带。另一些影响则是文化习惯导致的体验，在本章中，它揭示了为什么精神疾病、艺术偏好和荣誉观念在不同的文化里表现不一。

比人际世界更精妙的是不同个体的内在世界。你的名字、公司名称、品牌形象与标识不只要好看好听而已，它们比我们想象的还要重要许多，不但会影响我们看待世界的方式，还会塑造我们从未见过的世界。

DRUNK TANK PINK

PART 03

内在世界的暗示力

第 7 章

07

姓名：

好名字比你想象得更重要

什么是"姓名决定论"

20 世纪最著名的一位精神科医生卡尔·荣格（Carl Jung），曾对自己为什么总是沉迷于"重生"概念感到很好奇。有一天，他突然灵光一闪：他的姓氏"Jung"意为"年轻"，从出生开始，年轻、老去和重生的概念就缠上了他。20 世纪初的另一些著名的精神科医生从事的研究项目非常不同，但荣格按照这种思路解释说："姓氏意为'快乐'的弗洛伊德先生主张愉悦原则，姓氏意为'鹰'的阿德勒先生看重意志力量，我则推崇重生的观点。"在荣格看来，我们在出生之时便获得的名字为我们将来的命运指明了方向。

许久以后的 1994 年，《新科学家》杂志（New Scientist）上的"读者来信"栏目里，一位投稿者提出了姓名决定论（nominative determinism）现象，意为"姓名导致的结果"。作者指出，两位泌尿外科专家，A.J. 斯普拉特① 和 D. 威登② 医生在《英国泌尿学杂志》（British Journal of Urology）上合写过一篇有关排尿疼痛问题的论文。类似的"人如其名"（aptronym）的现象比比皆是。现

---

① A. J. Splatt，"splatt"和"splat"同音，后者指水"啪嗒"溅响的声音。——译者注
② D. Weedon，"weed"有"消除"之意。——译者注

任英格兰和威尔士首席大法官名叫贾斯蒂斯·伊戈尔·贾齐[1]，而他的同事，贾斯蒂斯·劳斯[2]勋爵则是上诉法院的法官。在运动领域，安娜·斯玛什诺娃[3]是以色列职业网球运动员，莱恩·比齐利[4]是七届世界冲浪冠军；德里克·齐克特[5]是澳式橄榄球运动员；斯蒂芬·罗博特姆[6]是英国奥运赛艇选手；尤赛恩·博尔特[7]是全世界100米和200米赛跑中跑得最快的人。有些名字就不那么吉利了：克里斯托弗·寇克[8]是一个臭名昭著的牙买加毒贩，说唱歌手布莱克·罗勃[9]因重大盗窃罪被判7年监禁。人们很容易把这些轶事看作零散的巧合，但研究人员已经证明，名字深深地扎根于我们的精神世界，像磁石那样吸引人们向它所蕴含的概念靠拢。

事实上，名字传达了极丰富的信息，我们很容易忘记它们其实并不像数字那样有着天然的含义。不管你用哪种语言叫它，数字"10"永远指代同一个概念。正因如此，寻找外星接触的科学家才会选择使用数学语言与外星生命进行沟通。一道声音脉冲始终是一个信号（或一个整体），而两道脉冲始终是两个信号，可这个普遍属性并不适用于名字，因为名字是由语言组成的。荣格曾诙谐地评论说，"弗洛伊德的名字驱使他主张愉悦原则"，可这只有在你知道"弗洛伊德"在德语里意为"快乐"的前提下才成立。因此，唯有与其他更有意义的概念结合在一起时，名字的力量才能得以体现，某些文化中的父母在给孩子起名时就信奉这一观点。尼日利亚总统古德勒克·乔纳森[10]不折不扣地依

---

① Justice Igor Judge，意为"正义·伊戈尔·法官"。——译者注

② Justice Laws，意为"正义·法律"。——译者注

③ Anna Smashnova，"smash"意为"大力扣杀"。——译者注

④ Layne Beachley，"beach"意为"海滩"。——译者注

⑤ Derek Kickett，"kick"意为"踢"。——译者注

⑥ Stephen rowbotham，其中"row"意为"划船"，"bot"意为"自动机器"，虽然字典里并没有"rowbot"这个词，但可连起来视为"划船机器"。——译者注

⑦ Usain Bolt，"bolt"意为"闪电"。——译者注

⑧ Christopher Coke，"coke"在俗语中意为"可卡因"。——译者注

⑨ Black Rob，"rob"意为"抢劫"。——译者注

⑩ Goodluck Jonathan，"good luck"意为"好运"。——译者注

循自己名字的含义成长，而他的妻子佩逊丝[1]则以第一夫人在等待丈夫攀升政治阶梯时迫切需要的性格特点为名。尼日利亚谚语有云："人起了名字，神祇便当了真。"这解释了为什么一些精疲力尽的父母有时会把孩子叫作"杜马卡"（Dumaka，意为"出手帮我"），或者"奥比昂格力"（Obiageli，意为"来吃饭的"）。西非布基纳法索的莫西族人则把姓名决定论引申得更远，他们会给孩子起一些极其可怕的名字，绝望地以求平息命运的波澜。死过一个以上孩子的父母（莫西族人的婴儿死亡率高得悲惨）会把随后生下的孩子叫作"基达"（Kida，意为"他会死的"）、"库内迪"（Kunedi，意为"死东西"）或者"吉纳库"（Jinaku，意为"死定了"）。

另一些父母则想方设法地保护孩子免受姓名决定论的摆布。在俄语里，维亚切斯拉夫·沃罗宁（Vyacheslav Voronin）意为"奴隶"。沃罗宁认为这实在是一道太过沉重的十字架，便和妻子玛丽娜·弗劳拉娃（Marina Frolova）决定帮新生的儿子免遭此劫。这个瘦小的金发男孩生于 2002 年夏天，当时，俄罗斯恰好暴发了一场可怕的洪水。为了忠于自己的承诺，维亚切斯拉夫和玛丽娜给孩子设计了一个看不出含义的名字：BOHdVF260602。尽管这个名字表面上没有意义，但它其实是一句话的首字母缩写："Biological Object Human descendant of the Voronins and Frolovas, born on June 26, 2002."（沃罗宁和弗劳拉娃的人类生物体后裔，生于 2002 年 6 月 26 日。）

从实用性角度考虑，小 BOHdVF260602 喜欢别人叫他"鲍齐"（Boch）。维亚切斯拉夫说，鲍齐的名字"会让他过得更轻松，不必跟那些根据名字判断人外貌的白痴打交道。每一个起了传统名字的人总会自动跟历史背景扯上关系。现在，我的儿子不必再受父亲拖累了"。

家长采用各种规则和方法给孩子起名。他们有时借用历史或文学传统中英雄的名字，有时延续祖辈的命名传统，有时则只想让名字好听，或是能提醒人

---

① Patience，意为"耐心"。——译者注

想起一些有意义的事情。不管怎么说，再没有意义的名字，一与其他有意义的概念联系起来，就自然而然地具有了意义。联系的力量能够解释以下现象："阿道夫"（Adolf）本来是一个常见的男孩名，曾经与瑞典国王和卢森堡大公联系在一起，可在第二次世界大战之后人气暴跌[1]。20世纪30年代，"唐老鸭"（Donald Duck）的出现使"唐纳德"（Donald）在父母心中失宠。19世纪40年代，查尔斯·狄更斯在新出版的《圣诞颂歌》（*A Christmas Carol*）一书中刻画了小气鬼埃比尼泽·斯克鲁奇（Ebenezer Scrooge），父母们再也不给儿子起名为"埃比尼泽"了。

鲍齐的名字之所以不同寻常，是因为他的父母费尽心思选择了一个让人无法产生一丁点儿联想的名字。尽管维亚切斯拉夫下定决心不让鲍齐像自己小时候那样受人取笑，但我们真的很难想象，"BOHdVF260602"会是个不受人取笑的名字。再加上由于俄罗斯出生登记处拒录鲍齐的全名，这对父母赌输的可能性更大了。登记处的代表塔季扬娜·巴图林娜说："你可以把自己的孩子叫作'大便'或是'桌子'，你有权起这样的名字，但人得有常识。孩子凭什么该吃父母不智选择带来的苦头？他不管上幼儿园还是小学，都会因为这个名字而饱受嘲笑。"不过，我不太明白为什么给孩子起名叫"大便"比叫"BOHdVF260602"更符合常识，这两个名字都会让孩子吃尽苦头。

> 姓名只有在和其他更具意义的概念产生联想的情况下才会产生影响力。

除了零星的轶事外，名字真能给人生结局带来重大影响吗？尤赛恩·博尔特改名叫尤赛恩·普罗德[2]就会跑得更慢吗？泌尿科医生斯普拉特和威登起个

---

[1] 纳粹德国元首阿道夫·希特勒的影响。——编者注
[2] Usain Plod，"plod"意为"沉重地走"。——译者注

"尿味儿"不那么强的名字就会从事不同的医学领域吗？在现实中无法进行这些思想实验，所以，研究人员另外设计了一些方法来解答同样的问题。

名字能影响人的一生吗

每个名字都跟人口统计信息有些关系：包括这个人的年龄、性别、种族以及其他基本的个人特点。就拿"多萝西"（Dorothy）为例吧。试想一下，你打开家门时碰到了一个名叫多萝西的陌生人，你认为她会是个什么样的人呢？首先，这位"多萝西"很有可能是位年长的女士。多萝西是 20 世纪 20 年代第二流行的女孩名，在那 10 年里，每 100 个新出生的女孩里有 14 个都叫多萝西。这一批数量庞大的"多萝西"们如今都快 90 岁了。相比之下，21 世纪出生的姑娘们几乎没一个叫这个名字。"阿瓦"（Ava）的情形则与此相反，在 21 世纪之前几乎不存在，但在美国最近一轮的人口普查里却成了主流。

除了年龄，名字还能传达民族、国家和社会经济信息。按照基本的统计数据，叫"多萝西"和"阿瓦"的几乎一定是白人，叫"费尔南达"（Fernanda）的可能是西班牙裔，叫"艾莉娅"（Aaliyah）的可能是个黑人。叫"吕西妮"（Lucienne）和"阿代尔"（Adair）的往往是富裕的白人孩子，叫"安琪儿"（Angel）和"米斯蒂"（Misty）的则多是贫穷的白人孩子。同样道理，"比约恩·斯文森"（Bjorn Svensson）、"铃木裕人"（Hiroto Suzuki）和"尤瑟夫·佩雷茨"（Yosef Peretz）则十有八九分别是有瑞典、日本和以色列血统的男性。再把范围缩小些，"沃特莉莉"和"泰格鲍"听起来就像是老嬉皮士抚养的孩子①，而"巴迪·贝

---

① 前者的英文是"Waterlily"，意为"水莲"，后者是"Tigerpaw"，意为"虎爪"，都带有东方意象，有 20 世纪 60 年代嬉皮士的风格。——译者注

尔[1]"和"裴多·布洛萨姆·瑞博[2]"则听起来就像是名人给孩子选的大名，事实的确如此——它们是名厨杰米·奥利弗（Jamie Oliver）给自己的两个孩子起的，大厨有 4 个孩子。

那么，人的名字如此重要的原因之一就是，它们能让人近乎下意识地对我们进行分类。在《魔鬼经济学》里，史蒂文·列维特（Steven Levitt）和史蒂芬·都伯纳（Stephen Dubner）介绍说，母亲的受教育水平和她为孩子选择的名字存在强烈的相关性。名叫"里奇"（Ricky）、"鲍比"（Bobby）的白人男孩与名叫"桑德尔"（Sander）、"纪尧姆"（Guillaume）的白人男孩相比，前者的母亲接受完整大学教育的可能性比后者的母亲低。即便是在"迈克尔"和"泰勒"这样普通的名字中也能看出差异：由于教育能提高拼写能力，给孩子起名为"Micheal"和"Tylor"的母亲，文化水平要比给孩子起名为"Michael"和"Tyler"的母亲低。[3]用孩子的名字与家庭收入进行比较，也能发现类似的规律。名叫"亚历山德拉"（Alexandra）和"瑞秋"（Rachel）的白人女孩，往往比名叫"安波尔"（Amber）和"凯拉"（Kayla）的白人女孩更富裕。

> 因此，个人的名字之所以重要，其中一个原因就是，名字能让他人自动对我们进行分类。

当然，有一点必须指出，收入、教育和起名偏好之间的关系不是因果性的，也就是说，仅仅因为穷孩子与富孩子的名字往往不同，并不能得出名叫亚历山德拉的姑娘经济状况更好是由于名字让她占据优势这个结论。这么说会更合适：来自不同社会经济和教育背景的人生活在不同的文化环境下，这反过来塑造了他们对特定名字的偏好。（第 6 章更深入地探讨了文化偏好之间的关系。）

---

① Buddy Bear，美国著名品牌。——译者注
② Petal Blossom Rainbow，意为"花瓣·开花·彩虹"。——译者注
③ 虽然发音一样，但前一种拼写是不规范的。——译者注

举例来说，生活在美国南部各州的居民经济状况大多不如北部居民，而相对北方人而言，南方人往往更偏爱"鲍比"这个名字。南方人和北方人之间显著的文化差异或许能解释他们不同的命名偏好以及横亘在两个群体之间的收入差距，而这些联系不为人知的一面是：随着时间推移，人们遇到的穷鲍比多过富鲍比，遇到的富桑德尔远远多过穷桑德尔，于是，他们把姓名和生活水平挂上了钩。因此，经验丰富的招聘人员看到两份分别来自桑德尔·史密斯（Sander Smith）和鲍比·史密斯（Bobby Smith）的求职申请，他说不定还没打开申请卷宗，就默认桑德尔的父母比鲍比的父母更富裕、受过更多的教育。

所以，假设这里有个起了典型黑人名字的孩子，又假设你能倒转时间，去重新给他起个典型白人孩子的名字，未来会发生什么呢？孩子的生活会有什么不同吗？因为我们无法造出时光机器，也就无法以最纯粹的形式检验这个猜想，但有两位经济学家采用了次优的方式来检验。他们想知道，如果两名求职者其他方面的情况均一致，只不过一个人的名字"更像黑人"而另一个人的名字"更像白人"，是否会让在线招聘公司作出不同的回应。

实验故事

研究人员针对芝加哥和波士顿的 5 000 个招聘广告投出了简历，他们对简历做了两种调整：求职者的资质（一些高，一些低）；姓名的"黑"或"白"（一些起了典型的白人名字，另一些则起了典型的黑人名字）。不出意料，资质高的简历吸引了更多回复，可名字同样有着明显的效果。"艾米丽"（Emily）、"安妮"（Anne）、"布拉德"（Brad）和"格雷格"（Greg）明显比"阿伊莎"（Aisha）、"肯尼娅"（Kenya）、"达内尔"（Darnell）和"贾迈"（Jamai）的表现更好，哪怕两组求职者在各项重要指标上完全一致。

从数据上来说，起着白人名字的求职者（当然是虚构出来的）投出的申请能接到 10% 的回复，而起着黑人名字的求职者投出的申请只能收到 6.5% 的回复，几乎差了 50%。换句话说，平均而言，白人求职者每投出 10 份申请就能得到一次回复，但黑人求职者每投出 15 份申请才能得到一次。还有一点也很令人不安：研究人员发现，资质高的简历对白人求职者帮助更大，但在改善黑人求职者的就业状况方面几乎毫无作用。资质高的白人求职者比资质差的白人求职者接到的回复多27%，而资质高的黑人求职者比资质差的黑人求职者接到回复仅多8%，甚至比资质差的白人求职者还要少27%。不清除第一道关卡就不可能得到工作，因此，这样的结果表明，社会中的种族偏见并未消除，一些学者称之为"后种族偏见"状态。

如果这些产生不安结果的有害成见消失，名字影响生活的魔力也会消失吗？沃罗宁夫妇一定是这么认为的，所以才给儿子起名为BOHdVF260602。这个名字完全不蕴含通常的人口统计信息内容。可事实证明，沃罗宁夫妇只解决了一部分问题。就算没有其他人，我们的名字也会对我们自己产生影响。比利时心理学家约瑟夫·纳丁（Jozef Nuttin）在经典论述中曾指出，人们对自己的名字有一种主人翁意识。人们大多喜欢属于自己的东西，所以，纳丁发现，人们对在自己名字里出现的字母的喜爱之情甚于名字里没有的字母。在一项研究中，纳丁请说12种不同语言的2 000人从自己母语的字母表里选出6个最喜欢的字母——就是他们下意识觉得最具吸引力的字母。在这12种语言里，人们圈出在自己名字里出现的字母的概率，比圈出其他字母的概率要高50%。所以，如果约瑟夫·纳丁自己来做这项测试，他圈出字母"Z"的概率比同样叫"约瑟夫·纳丁"但拼写中不含字母Z（如Josef Nuttin，这是我们为便于比较而虚构出来的名字）的人要高50%，对后者而言，"Z"恐怕并不具备什么特别的个人意义。

我们自己的名字对我们的磁石般的吸引力导致了一系列令人吃惊的结果。人们会出于各种原因给慈善机构捐款：因为对该事业有一种个人的牵挂；因为它触动了人的心弦；因为真诚地相信该事业值得自己支持。这些理由很容易说通，但心理学家则指出，对与自己名字有着相同首字母的慈善事业，人们的捐赠往往会更频繁、更慷慨。

研究人员核对了1998～2005年间7次大飓风肆虐美国后红十字会的捐赠

记录（见图7-1）。因为在提及热带风暴时没有缩写会不方便，自20世纪50年代起，美国国家飓风中心总会用一个合适的名字指代每一场热带风暴。一如你对姓名字母效应的理解，人们会受首字母缩写跟自己的相同的飓风吸引。例如，在2005年飓风"卡特里娜"（Katrina）横扫新奥尔良之前，名字首字母为"K"的人的捐款比例是4%。但在为该飓风捐款的所有人里，名字首字母为"K"的人占了10%，增幅达到150%。你可能会想，这种变化是不是该由"卡特里娜"、"凯特"（Kate）、"凯瑟琳"（Katherine）、"凯蒂"（Katie）或其他任何名字以"Kat"打头的人负责呢？并非如此。把除了首字母之外跟"卡特里娜"还有更多相同字母的人从分析中去掉，前述效应表现得仍然很明显。多场飓风的事后捐赠记录都与这一结果相吻合。

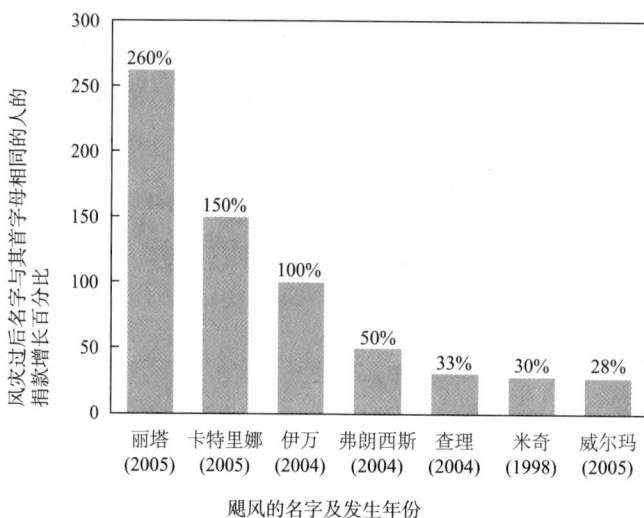

从研究人员调查的7场飓风来看，每当飓风过后，名字与飓风有着相同首字母的人向红十字会捐款的比例都会立刻增加。例如，较之飓风"米奇"（Mitch）1998年摧毁洪都拉斯和尼加拉瓜之前的6个月，名字以"M"打头的人在灾后两个月内捐款比例上升了30%。

图7-1　飓风后捐款情况与名字首字母之间的关系

一般人通常会喜欢属于自己的东西，因此一般人会比较喜欢在自己姓名中出现的字母。

我们和自己名字的这种正相关能解释大部分的姓名首字母效应，但有时，姓名的首字母也能激发因习惯力量而产生的想法和行为。姓氏分别以字母"A"和"Z"打头的人之间有一个重要区别：这些名字是按照默认的字母表顺序排列的。不管是好是坏，教师点名时往往会先叫姓氏以"A"打头的学生，再叫以"B"打头的学生，顺着字母表，最后才会叫到"扎恩"（Zahn）、"佐拉"（Zola）和"祖克曼"（Zuckerman）们。有些教师对这个问题很注意，所以偶尔会从最后一个字母"Z"开始反着点名，但更多时候，他们仍然是从"A"开始点名，到"Z"结束。

有两位心理学家设计了一系列巧妙的实验来检验与姓氏首字母靠前的人相比，姓氏首字母位于字母表后面的人是否会更加迅速地响应少见的机会。由于姓氏首字母为"N"至"Z"的人习惯等在首字母为"A"至"M"的人之后，研究人员猜测，前者可能会更加迅速地对有限的机会作出响应，这是因为他们经常要排队等候机会轮到自己头上。他们在实验中的表现果然证实了这样的猜想。

**实验
故事**

他们向一群研究生提供了数量有限的免费篮球票。姓氏在字母表上越靠后的学生，作出响应的速度就越快。在另一项研究里，研究人员发现，姓氏首字母靠后的博士生比首字母靠前的学生更早在网上发布自己的求职材料。事实上，在前 3 个星期发布材料的学生的姓氏首字母平均为 M（在字母表里排第 12 位），而最初 3 个星期过后才发布材料的学生姓氏首字母平均为 G（字母表的第 7 位）。正如研究人员所说，这种姓氏首字母效应只是名字潜移默化地影响我们生活的案例之一。

因此，名字有着塑造我们人生结局的能力，是因为它们跟有着真正意义的重要概念捆绑在一起。它们有时与种族或社会地位相关，有时与慈善诉求或课堂上的点名顺序有关。这些关系中有些是积极的，有些是消极的，如果你是位正在琢磨给孩子起名的家长，手里又有几个你同样喜欢、难以抉择的备选方案，不妨考虑一下这些关联。

流畅顺口与佶屈聱牙的名字哪个好

父母给孩子起名时，还面临着另一个隐含的选择：是一个简单、流畅的普通名字，还是一个复杂但特别的名字。作出选择可不容易，因为两种方法各有各的好处。没人会读错"汤姆"（Tom）、"蒂姆"（Tim）、"托德"（Todd）和"特德"（Ted）这样的名字，但叫这样名字的人遍地都是。反过来说，叫"T-ah"（发音为"塔达沙"）、"Thyra"（到底发音是"希拉""莎拉"还是"泰拉"呢？）、"Taiven"（发音是"特文"还是"泰温"呢？）的人能从人群中脱颖而出，但由于没人说得准这些名字怎么发音，群众也可能会无视它们。（就这点而论，BOHdVF260602 的父母恐怕不太成功。）不管有什么意思和什么含义，总有些名字容易发音，能轻轻松松、毫不费力地从人们的舌头上准确无误地滑出来。而有些名字却很拗口，它们不光会挑战你的脑袋，还会挑战你的舌头、牙齿和嘴唇；等你好不容易把它们念出来，又拿不准自己是否发对了音。研究名字语言属性的心理学家们把便于发音的名字称为"顺口"，把难以发音的称为"拗口"。

如果你想判断一个名字是否顺口，可以假想自己是个主持人，正在颁发奥斯卡最佳外语片奖。你打开信封宣布："奥斯卡奖得主是……"对以英语为母语的外行人来说，一些外国人名非常难发音，但另一些却比较容易，因为后者更简短，或是有着英语里常见的发音或字母组合，又或是因为有着比较简单的字母字符串。1996 年，奥斯卡最佳外语片得主是《给我一个爸》（Kolya），这是扬·斯维拉克（Jan Sverak）执导的一部捷克电影。这一奖项的颁奖者是克里斯汀·斯科特·托马斯（Kristin Scott Thomas）和杰克·瓦伦蒂（Jack

Valenti），为了发出获提名的格鲁吉亚影片《恋爱中的厨师》(*Shekvarebuli Kulinaris Ataserti Retsepti*) 的读音，两人下了好大一番苦功练习。这部电影的导演是娜娜·裘杨兹（Nana Dzhordzhadze）。实际上，为了避免主持人拙劣的发音搞砸颁奖典礼，很多外国电影都会采用英文标题。本例中，这部电影的名字就改成了英文，但导演的名字"Dzhordzhadze"本身就很有难度了。

一个拗口名字带来的最明显后果是，你的父母会让你一辈子受错误拼写和错误发音的困扰。我们可以对偶然的失误一笑置之，但有时失误会导致严重后果。在政治竞选中，如果候选人不甚知名，或是到最后关头才参加竞选，他们的名字未必能出现在选票上；投票站会要求选民手写下候选人的名字，或是用一台能识别出每一位候选人姓名的机器打出该名字。像乔治·布什（George Bush）和比尔·克林顿（Bill Clinton）这类名字大概能够原封不动地出现在手写选票上，但 2006 年，得克萨斯州众议院多数党候选人雪莱·塞库拉 – 吉布斯（Shelley Sekula-Gibbs）就没这么走运了。

首先，一些投票机无法处理连字符，所以，"赛库拉 – 吉布斯"变成了"赛库拉·吉布斯"（Sekula Gibbs），但真正的麻烦才刚刚开始：投票机必须先编程才能处理拼写错误。为此，一个两党委员会专门成立，最终核准了长达 28 页的"可接受"的错误拼写，从可以理解的"凯利·赛古拉 – 吉布斯"（Kelly Segula-Gibbs）到令人费解的连词写法"雪莱斯库拉吉布斯斯斯斯"（ShelleySkulaGibbssss）。[①]

塞库拉 – 吉布斯基本上还算逃过了此劫，但 1986 年，伊利诺伊州民主党副州长初选时有两位很被看好的候选人就没这么走运了。乔治·桑梅斯特（George Sangmeister）和奥瑞莉亚·普辛斯基（Aurelia Pucinski）联手，与新秀

---

① 这里指的是投票机先将这些"可接受"的错误拼写方式编入容错表。如果选民将票投给此人且输入错误，若笔误在这张容错表之内，选票可正确地归于该候选人；若笔误方式不在这张容错表中，该选票即作废。——译者注

马克·费尔柴尔德（Mark Fairchild）及珍妮丝·哈特（Janice Hart）打擂台，可专家们忽略了一个事实：许多选民对自己支持的候选人的政策与立场知之甚少，而是依据一些不相干的线索作出决定的。从名字的角度看，让外国味十足的桑梅斯特、普辛斯基与仿佛为搞政治而生的费尔柴尔德和哈特对决，简直就是让一个孩子与拳王泰森上台对打。靠着费尔柴尔德和哈特这样的重量级名字，两位身处弱势的候选人虽然履历不甚光鲜，却在选举中大获全胜。一位选民甚至在接受《纽约时报》采访时承认，自己投费尔柴尔德和哈特的票，就是"因为他俩有着顺口的名字"。

一队心理学家专门做了研究来证明这两个名字的重要性：研究人员只提供了乔治·桑梅斯特和马克·费尔柴尔德两个名字，并要求模拟选民只根据名字在两位候选人中作出选择。绝大多数的人选择了费尔柴尔德。考虑到大多数选民走近投票箱时对候选人缺乏太多了解，说候选人的名字左右了部分选民的选票完全是有道理的。

还有一点值得指出：除了顺口度上的差异，这4个名字还在另一些层面上有所不同：比如外国味，以及名字中带有极具吸引力的英语单词，如"heart"（心灵）和"child"（孩子）。这些差异为这则轶事平添了更多的趣味性，但在衡量名字顺口度带来的影响方面不足以产生有意义的结果。

实验故事　　我和澳大利亚墨尔本大学的两位心理学家西蒙·拉汉姆（Simon Laham）和彼得·科瓦尔（Peter Koval）进行了类似的分析，但我们的实验从一开始就将这一效应是完全由这些拗口名字的外国特质所导致的可能性排除在外。我们的初始假设前提是：顺口的名字就像光晕一样，能让名字的主人比另一个有着拗口名字的条件类似的人（两者都是虚构的）略微更具吸引力。为了检验这一假设，我们研究了500名律师名字的顺口度，以及他们在事务所的地位（从助理到合伙人）。我们从全美10家规模和声望不同的法律事务所收集了这些名字，并请一群美国成年人根据名字的发音顺口度以及听起来是否像外国人这两项指标进行评分。

结果既有趣又令人不安：比起名字拗口的同事，名字顺口的律师似乎能够在事务所里更为频繁和迅速地升职。结果不能用外国味来解释，因为如果我们把分析限定于有着外国名字的律师中，这一效应同样存在；我们又把分析限定于有着典型英美式名字的律师中，结论仍然一致。

仔细分析数据，情况变得清晰起来。名字的顺口度并不能给所有律师带去相同的帮助，因为名字不是魔术师。就算你有着最顺口的名字，人也最机灵，可如果你是个刚从法学院毕业的菜鸟，也是不可能当上合伙人的（我们没有发现执业时间短于 4 年就当上合伙人的律师）。资深律师也是一样：到你执业已满 30 年时，你的能力已经得到了时间的证明，89% 的资深律师仅凭其从业年限就足够当上合伙人了。

但这一效应在处于职业生涯中期的律师中表现得很明显：执业 4～8 年之后，12% 有着顺口名字（我们使用了一份总分为 5 分的发音难度量表，1 分代表发音最容易，5 分代表发音最困难，顺口名字指得分为 1 的名字）的律师当上了合伙人，而在那些有着拗口名字的同行（得分为 2～5）中，只有 4% 的人当上了合伙人。稍微资深一些的律师之间同样存在这一差距：执业 9～15 年后，74% 有着顺口名字的律师当上了合伙人，但只有 67% 名字拗口的律师当上了合伙人（见图 7-2）。毫不夸张地说，给你新出生的未来大律师起个尽量简单的名字，是大有好处的。

迄今为止，我所讲述的故事包含如下潜台词：拥有一个别出心裁的名字不大可能让你成名，但就是这个别出心裁（在此指拗口）的名字可能为你招来负面的关注和结果。欢天喜地的父母为了庆祝生命的奇迹，给自己的小宝贝起名为"克拉哈"（Keirraih），可等小克拉哈开始上学和工作，她很可能变成吸引负面关注的磁石。这样的父母不免值得同情。

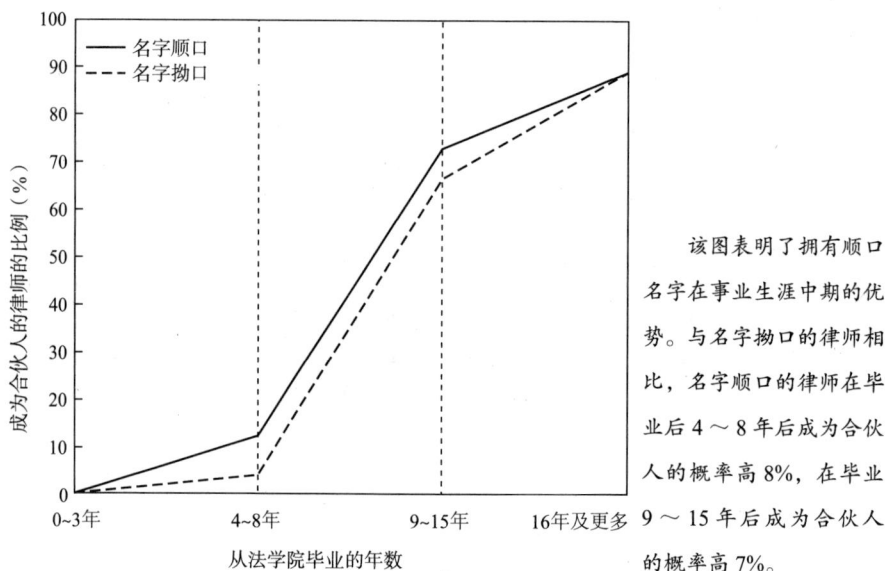

该图表明了拥有顺口名字在事业生涯中期的优势。与名字拗口的律师相比，名字顺口的律师在毕业后4～8年后成为合伙人的概率高8%，在毕业9～15年后成为合伙人的概率高7%。

图7-2　名字与晋升的关系

　　正如明智的父母会小心谨慎地给孩子起名，明智的企业家也会小心谨慎地为自己的商业心血选择名称。哪怕是乍看起来没什么害处的公司名称，也有着让创办人心碎的潜力。有这样一个突出的例子：一家在线技术服务公司起了个看似稳妥的名字，"Experts Exchange"（意为"专家交流"），可等它给自己注册了 www.expertsexchange.com 的网站时，就立刻招来了嘲笑。[①]（现在该公司的网址已经更改为 www.experts-exchange.com。此外，公司的社交媒体账号也策略性地利用大写字母解决歧义：ExpertsExchange。）

　　选择一个带有意料外的双重含义的名字当然会招致风险。除此之外，能提高律师晋升速度的顺口度效应还决定了羽翼未丰的金融股票的命运。我和普林斯顿大学心理学教授奥本海默合作发现，新上市的金融股若有着易于发音的名字，市场表现会更好。在刚上市的股票中作出选择是非常困难的，因为它们可

---

① 字母相连后意为"专业性爱改变"。——译者注

供筛选的信息不多，而这些信息又都不足以准确预测股票的未来表现。有着顺口名字的律师更容易在法律事务所获得晋升，出于相同的原因，有着简单和顺口的名字的股票往往比有着拗口名字的股票上涨更快。购买股票本身有风险，顺口度能带给人一种舒适感和熟悉感，缓和不可回避的冰冷事实：哪怕是低风险的股票有时也会暴跌。为检验名字顺口度对股票绩效带来的影响，我们测量了 1990～2004 年纽约证券交易所和美国证券交易所市场近千只股票的绩效。

> 购买股票是一种冒险行为，顺口的名称能够带来安心而熟悉的感受，降低投资者的焦虑。

实验故事

在一项研究中，我们让一群人设想自己要在颁奖典礼上读出每一家公司的名字（即我前文描述过的顺口度测试），并据此指出一家公司名字的发音是容易还是困难。在量表的一端是有着顺口名字的公司，如贝尔登公司（Belden Inc.），另一端则是有着拗口名字的公司，如玛戈雅·塔夫考兹勒斯·雷思文内塔萨撒格（Magyar Tavkozlesi Részvénytársaság，这是一家匈牙利电信公司）。并非所有名字拗口的股票都属于外资企业，就算我们只看有着典型美国名字的美国股票，同样的效应也是存在的。正如我们所料，有着顺口名字的股票比有着拗口名字的股票表现好，尤其是在上市的第一个星期。事实上，如果你在 1990～2004 年间对名字最顺口的 10 只股票投资 1 000 美元，那么短短一个星期后，你就能收回 1 153 美元，比投资回报高达 11%。两相对比，如果你在同一时期对名字最拗口的 10 只股票投资 1 000 美元，一个星期后仅能收回 1 040 美元，增幅仅为 4%。

当然，名字顺口和名字拗口的公司之间还存在其他的差异：服务和零售企业可能会比采矿、资源公司更看重名字的顺口度，大公司可能会投入比小公司更多的资金来选择一个朗朗上口的名字。为排除我们发现的效应受某些行业或某类公司规模影响的可能性，我们对股票代码进行了一轮单独的研究：股票代码是在股市上用于识别每家公司的字符串，曾被印在电报纸上，旁边对应着不断更新的股价。对我们大多数人来说，这些字符串毫无意义，但对投资专家来说，它们蕴含着大量信息。

提到 AAPL，投资者就会问，苹果公司什么时候发行新一代重磅产品；提到 HOG，投资者会问哈雷－戴维森公司（Harley-Davidson）什么时候会推出新款摩托车（哈雷摩托车的爱好者戏称其为"猪仔"）。[①] 有些股票代码一目了然（比如谷歌的股票代码是 GOOG），而另一些就不那么明显了（美国钢铁公司的股票代码绝对令人垂涎，只有一个字母"X"）。衡量股票代码顺口度的一个方法是看你能否将其发成一个英语单词，比如"GOOG"就很容易发音（仍可读作"谷歌"），但"RSH"（RadioShack）按英语口语的规则就无法发音。当然，你也可将它勉强读作"瑞什"（Rish）之类的音节，但根据口语里元音和辅音的组合方式，它不太上口。

我们比较有着可拼读（顺口）代码的股票和有着不可拼读（拗口）代码的股票的绩效时，发现了与之前考察股票名称时相同的结果：在整个纽约证券交易所和美国证券交易所，经过了短短一天的交易，有着顺口代码的股票产生了接近 15% 的涨幅，而有着拗口代码的股票则只有 7% 的涨幅。如果你是一家刚刚起步的公司或是认真的投资人，8% 的红利意味着很大的差异。预测股票的短期绩效出了名地困难，各地的金融专家都在苦苦努力，寻找能预测股票早期绩效的稳定指标。这是一个惊人的结果，因为它表明，就算你消除了名字顺口度附带的所有其他信息，顺口度效应仍然存在。举个例子，像"Apple"（苹果）这样流利的名字或许比"Aegon"或"Aeolus"这样拗口的名字传递了更多的信息，因为后者多为无意义的词语或陌生的名词。但股票代码的例子之所

---

① AAPL 是苹果公司的股票代码，HOG 是哈雷－戴维森公司的股票代码，而小写的"hog"是猪的意思。——译者注

以令人惊讶，是因为顺口和拗口的股票代码所包含的信息质量基本上是相同的（也即几近于无）。此外，就算是投资新手也能理解顺口度的概念：无须金融数学学位，你也会知道"贝尔登"和"谷歌"顺口，而"玛戈雅·塔夫考兹勒斯·雷思文内塔萨撒格"和"RSH"拗口。因此，名字的顺口度不仅能塑造个人命运，亦能影响故事里投资者和企业的财运。

甜美与强大的名字哪个好

一些简单的口头音节（或称音素，phoneme）发音很容易，另一些则带有一定难度，不管是简单还是复杂的音节，一旦你大声地念出它们，有不少能召唤出视觉图像，哪怕音节本身毫无意义。20世纪20年代，德国心理学家沃尔夫冈·科勒（Wolfgang Kohler）写了一本探讨我们如何感知世界的经典教材。科勒认为，人们有着一种共同的想法：一些没有意义的名字就好像具有形状似的。

实验故事　　在一项思想实验中，研究人员要读者思考以下哪一个形状叫作"maluma"，哪一个叫作"takete"（见图7-3）。

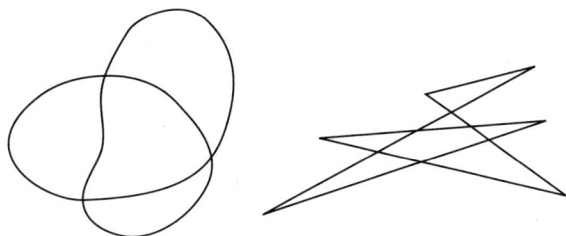

图7-3　两种形状

你可能像大多数人一样，从来没听说过"maluma"或者"takete"这两个词，但这并不妨碍你"知道"左边那个光滑、弯曲的图形叫"maluma"，右边那个参差不齐、遍布棱角的形状叫"takete"。哪怕是年纪特别小、还不识字的孩子，也能将圆润的形状与发音圆润的单词、有棱角的形状与发音有棱角的单词相匹配。只有奇怪的、反直觉的语言才会将标签颠倒。出于这个原因，许多英语单词一听上去就是合适的。下面是一个简单的思想实验：列出"stop"（停止）和"meander"（曲折），或者"haste"（匆忙）和"dawdle"（磨蹭）这两对词语的意思，但需要先把词语和定义的顺序打乱，让一个不懂英语的人来猜。对方能够将这些单词和正确的意思联系起来吗？一如"maluma"听起来就弯弯曲曲、"takete"则呈锯齿状，"meander"和"dawdle"也一听起来就软绵绵、慢悠悠、黏糊糊的，"stop"和"haste"则锋利、尖锐、迅速。

所以，如果你给一家生产急救药品的公司起名为"巴鲁姆巴"（Baloomba Inc.），给一家儿童聚会策划公司起名为"新泰克"（Zintec Inc.），那就很不"合适"，因为这两个名字反过来才合适。我会很乐意尝试"新泰克"生产的新药，参加"巴鲁姆巴"筹办的聚会，如果反过来，"新泰克"听上去就像是一个铁石心肠的聚会策划师，而"巴鲁姆巴"则太异想天开了，无法从事严肃科学。那么，以下结果就并不出奇了：1979 年的一项研究发现，在全美前 200 名品牌中，有 38 个以"K"或"C"开头（发音均为"k"），更有 93 个在名字的其他位置包含了字母"K"，占压倒性多数。

本章介绍的研究表明，名字远比我们凭直觉想象得重要。从你的名字本身，人们就能大致推测出你的年龄、种族和经济状况。如果你的名字容易发音、起得好，他们可能会决定聘用你，而如果你拗口的名字激起了错误的联想，他们可能会把你放逐到最底层。适当的名称（也就是我们给自己或公司所起的标签）与我们给充斥在日常生活中的概念所贴的语言标签没有什么不同。

和名字一样，标签塑造了我们对这个世界的看法，一如下一章内容所示，我们给人贴的"黑""白""富""穷""聪明"和"简单"等标签真的会让人变得更黑、更白、更富、更穷、更聪明、更简单——而这一切，完全只是因为我们最初给他们贴的标签如此。

第 8 章

08

标签：

让复杂的世界变得超简单

让复杂的世界变简单的标签

1672 年，艾萨克·牛顿爵士让一束白光穿过透亮的棱镜，在实验室的墙上投出一道彩虹。他从彩虹中分辨出了 5 种不同的颜色，分别标记为红、黄、绿、蓝、紫。这些标签让他高兴了一阵，但他相信，颜色和音符应该有着一样的结构，两者都应该由 7 个元素组成。于是，他回到彩虹旁边，认为在红与黄这两条较宽的色带中夹着一缕橙色，而在蓝和紫之间则有一抹细细的靛蓝，众所周知的七色彩虹便由此诞生。批评牛顿的人不为所动，他们为构成彩虹的真正颜色辩论了许多年，有时会说，牛顿的棱镜起了雾、染了尘、不纯净，有时又说，他从棱镜里多看了颜色、少看了颜色、看错了颜色，不一而足，但牛顿多多少少犯了这些批评家们犯的错，因为构成彩虹的颜色是连续光谱的一部分。我们能从光谱中看到不同的颜色，可颜色与颜色之间的边界无法准确测量。不管怎么说，我们使用牛顿的 5 色分类、7 色分类还是其他分类又有什么不同呢？不管我们给它们贴上什么样的标签，颜色都不会改变，所以为什么我们会用不同的眼光看待它们呢？

事实证明，牛顿的选择远远不是一件小事，因为颜色及其标签有着无法割裂的联系。没有标签，我们就无法对颜色进行分类，分不出象牙白、米黄、小麦色和蛋壳色；也许西兰花的花和茎都是绿色的，只是色调不同。为说明颜色标签的重要性，2005 年前后，一队心理学家研究了英语和俄语之间颜色词汇的差异。在英语中，不管是深蓝还是浅蓝，我们都用"蓝"（blue）来形容，这个词包括介于天空的浅灰蓝和深沉的海军蓝之间的所有色调。相比之下，俄罗斯人使用两个不同的词，"goluboy"（浅蓝）和"siniy"（深蓝）。

实验故事　　　　研究人员在计算机屏幕上显示出 3 个蓝色方块（见图 8-1），其中两个为备选方块，第三个为目标方块，他们要说英语和说俄语的学生判断备选方块里哪一个的颜色与目标方块相同。学生多次重复同一任务。有时两个备选方块都是浅蓝的，有时两个都是深蓝的，还有时一个是深蓝的，一个是浅蓝的。如果备选方块都落在光谱的同一侧（即都是深蓝的或都是浅蓝的），那么说英语的学生和说俄语的学生能够同样迅速地判断出两者中哪一个与目标方块颜色相同。如果备选方块颜色不一样，一个是浅蓝的（在俄语学生看来是"goluboy"），另一个是深蓝的（在俄语学生看来是"siniy"），结果就不一样了，俄语学生总是能更快地判断哪个备选方块与目标方块颜色相同。

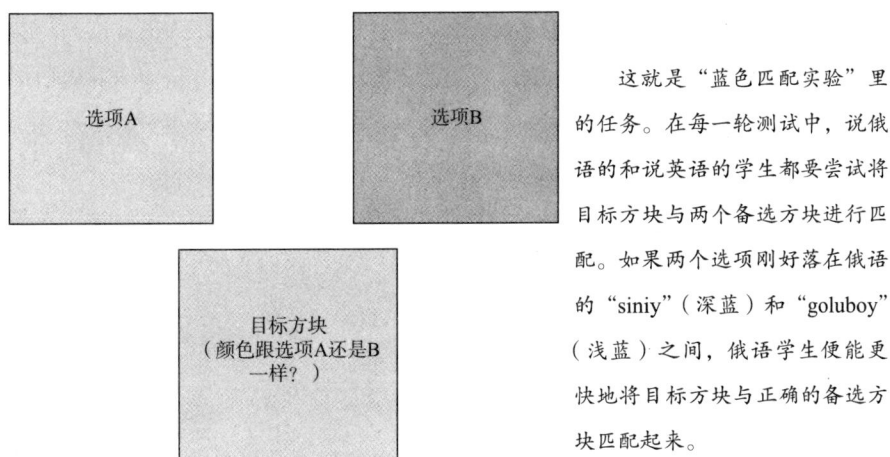

选项A

选项B

目标方块
（颜色跟选项A还是B一样？）

这就是"蓝色匹配实验"里的任务。在每一轮测试中，说俄语的和说英语的学生都要尝试将目标方块与两个备选方块进行匹配。如果两个选项刚好落在俄语的"siniy"（深蓝）和"goluboy"（浅蓝）之间，俄语学生便能更快地将目标方块与正确的备选方块匹配起来。

图 8-1　蓝色匹配实验

虽然英语学生能够判断目标蓝方块是"那种浅一点的蓝"或者"那种深一些的蓝"，但他们使用的标签不可能比"蓝"更精确。他们被迫根据这一模糊的描述来判断哪个蓝色方块与之相符。俄语学生有着明显的优势：他们一看方块就能判断出是"goluboy"还是"siniy"。之后，他们只需要看一看另外两个蓝色方块，判断哪一个与标签相符。想象一下，如果说英语的学生面对的是一个蓝方块和一个绿方块，这任务会多么容易；一旦他们判断出目标方块是蓝还是绿，任务就很轻松了。

事实上，一年后发表的实验结果显示，说俄语的学生眼中深蓝色和浅蓝色之间的区别就像说英语的学生眼中蓝色与绿色的区别那么大。说俄语的学生能在一排浅蓝方块中锁定深蓝方块的部分原因是，他们一看到不同的方块，大脑视觉区的一部分就会亮起，可说英语的学生看到这排方块时大脑的相同区域就没有这么活跃，除非这一排蓝色方块里出现了一个绿色方块。对于英语使用不同的标签来描述的颜色，说英语的学生的大脑会像说俄语的学生那样作出反应。我们之所以知道说俄语的学生依靠的正是这些类别的名称，是因为如果让他们在完成区分颜色任务的同时记住一串数字，他们与说英语的学生相比之下的优势就消失了。由于处理语言的资源已经被重复数字串的任务占用，他们没法默念颜色名了。无法借助语言标签的他们只好像说英语的学生一样处理颜色。这个精妙的实验表明，颜色标签塑造了人们观察色彩世界的方式。说俄语的学生和说英语的学生有着相同的精神架构，即在感知和处理颜色时具有相同的能力，但说俄语的学生有两个不同的标签，说英语的学生只有一个，这就是前者的优势。这个例子令人吃惊，因为它表明，就连颜色这一类我们感知世界的基本属性也要受标签之手左右。

早在蓝色匹配实验进行之前的80多年，就有人提出了标签改变我们看待世界的方式的概念。20世纪30年代，本杰明·沃尔夫（Benjamin Whorf）认为，文字塑造了我们看待人、物与场所的方式。一个杜撰的故事说，北极地区的因纽特人能辨别几十种类型的雪，因为每种类型他们都有不同的词语相对应。相比之下，世界其他地方大概只有几个词：雪（snow）、融雪（slush）、雨夹雪

（sleet）和冰（ice）。这个故事并不是真实的，因纽特人形容雪的词汇量与我们的大致相同，但它描绘出了一幅令人信服的画面：如果你没有合适的词语，就很难传达你眼前的景象。儿童学习单词的过程淋漓尽致地再现了这一难题：他们刚学会，一种有尾巴的四条腿动物叫作"狗"，之后一切有尾巴的四条腿动物在他们嘴里都变成了"狗"。在他们掌握"猫"和"马"这两个词之前，同样有尾巴又有四条腿的猫和马，在他们看来都和真正的狗一样像"狗"。

> 如果没有适当的词语，就很难表达你眼前的事物。

通过分类解决歧义

没有标签，孩子们就会把家猫和小马都误认为是狗，但在更早以前，人类就开始给彼此贴标签并进行分类。最终，肤色浅的人成了"白人"，肤色深的人成了"黑人"，中间肤色的人成了"黄种人""红种人"和"棕种人"。这些标签是否忠实地反映了现实呢？恐怕跟牛顿的 7 种颜色对彩虹的描述差不多。如果你从全世界随机选择 1 000 个人，他们中没有一个人的肤色会是相同的。你可以按从最深到最浅对其进行排列，可你怎么也排不出单一的色系来。当然，肤色的连续性并不妨碍人类把彼此塞进"黑人"、"白人"这种截然相反的肤色类别里。这些类别并非建立在生物学基础之上，但自始至终决定着该类别成员在社会、政治和经济上的福祉。

这些种族标签的功能，有点类似说俄语的学生区分深蓝与浅蓝之间模糊界线的颜色标签。它们给无限复杂的社会世界划定了边界、框定了类别，一旦确立，这些边界便很难消融。1997 年，刚崛起的高尔夫天才泰格·伍兹（Tiger

Woods）登上了《奥普拉脱口秀》（*The Oprah Winfrey Show*），他说自己不是"黑人"，而是"混血人"（Cablinasian），因为他既有白人血统，也有黑人、美洲土著（美洲印第安人）和亚洲人血统。在美国，高尔夫一贯是一项充满种族主义的运动，白人做球员，黑人以球童身份提出的专业意见。人们以为伍兹是一名打破既定模式的黑人球手，可伍兹并不认同。在他看来，自己有着复杂的混血种族背景，可这跟他身为高尔夫球手的实力毫无关系。

不幸的是，就像俄罗斯人因为不同的语言标签而泾渭分明地看待深蓝与浅蓝一样，人们也很容易根据种族标签来解决人种方面模糊不清的问题。

实验
故事

斯坦福大学进行过一项研究，实验人员向一群白人大学生展示了一张年轻男性的照片，仅看脸部特征，很难判断出该人是黑人还是白人（见图 8-2）。一半学生看到的照片上写着"白人"，另一半看到的照片上写着"黑人"。研究人员要学生们尽量准确地画出照片里的人脸，好让下一位参与者能够将画像与他们刚刚看到的面孔进行匹配。为了吸引学生们的兴趣，画得最准确的学生可以获得 20 美元的现金奖励。研究人员发现，更认同种族刻板印象的学生，他们的画像表现出了一种惊人的模式。以为照片中的男性是黑人的学生，往往会对其"典型的黑人特征"进行夸张，而以为照片中的人是白人的学生则相反，会对其"典型的白人特征"进行夸张。虽然两组学生观察的是完全相同的照片，但他们是在通过贴着（研究人员在实验开始前附加上去的）种族标签的有色眼镜感知图像。

在这里，我们不妨照字面意义来理解"有色眼镜"这个词，因为第二个实验向我们表明，如果给当事人贴上"黑人"的标签，同一张面孔确实会比被贴上"白人"标签的时候更"黑"。以下是该实验展示的三张面孔，一张描绘的是黑人，一张是白人，中间那张则似是而非，说是黑人或白人都可以。

| 黑人 | 种族不明 | 白人 |

图 8-2　三张面孔

哪张面孔看起来肤色最深？哪张看起来肤色最浅？尽管他们有着相同的色调，但不管人们当时感觉还是事后回忆，左边属于黑人的面孔比右边的白人面孔颜色更深，至于中间那个种族不明的面孔则位于两者之间。但如果你用手把图片的面部特征蒙起来，只看前额部位，就会发现这三张面孔的肤色完全相同。种族标签的力量如此之强，竟能让我们无法准确判断肤色。

遗憾的是，在评估人的智力时，我们也无法忽视社会标签。2005 年，时任哈佛大学校长的拉里·萨默斯（Larry Summers）认为科学和工程领域的女教授稀少，是因为"（女性）在高端天赋方面不同"。3 年后，英国心理学家克里斯·麦克马纳斯（Chris McManus）针对工人阶层民众提出了类似论断，认为工人阶层缺乏足够的智力，无法获得博士学位。对智力进行客观判断其实非常困难，尤其在证据本身就模棱两可的情况下。

实验故事

在一次经典研究中，两名研究人员指出，在阐释这类模棱两可的证据时，评估员会把标签当成决定性因素。该研究要普林斯顿大学的学生判断一名四年级女生汉娜的成绩是高于、低于还是正好处于该年级的平均水平。

在实验的第一阶段，研究人员将两段短视频之一拿给学生们观看。在一段视频中，汉娜在富人居住区里一座风景优美的公园里玩耍。镜头快速扫过她的学校，暗示其面积大，设施现代化，有田径场和令人印象深刻的综合操场。学生们一边看视频一边阅读汉娜的简历,文中提到她的父母都是大学毕业生,现在是各自领域内的专家。这个版本的汉娜贴着一系列非常有利的标签:富裕、上很好的学校、父母受过教育且现在都是专家。另一些学生们则看到了一个非常不同、不那么幸运的汉娜。在视频里,汉娜在围着栅栏的校园里玩耍,教学楼是高密度的砖混建筑,学校坐落在一个房子又小又破败的街区。这一次,简历中写着,汉娜的父母只受过高中教育,父亲在屠宰场做肉类打包员,母亲在家当裁缝。这一次贴的标签很吓人,暗示汉娜需要克服社会经济和教育上的障碍才能取得学业上的成功。

这时,研究人员又给一部分学生看了第二段视频,视频表现了汉娜回答学业检测里的 25 道题时的情况。这些题目可以评估她的数学、阅读、科学和社会学水平。视频并未对她的能力作出清晰的展示,反而非常模糊:有时她专心致志,正确地回答出了困难的问题;有时她又心烦意乱,相对简单的问题都答不出来。实验这样做的目的是扰乱学生们的视线,故意不让他们清晰地了解汉娜的能力。

仅看第二段视频,很难评估汉娜的能力,但一部分学生在看这段视频之前,脑中已经贴了"富裕家庭""父母都受过大学教育"的标签,而另一部分学生则事先贴了"工人家庭""父母只有高中学历"的标签。在汉娜的表现既非无可挑剔也并未不可救药的情况下,这些标签成了决胜分。事先认为汉娜成绩好的学生只看到了她表现出色的地方(而忽视了她失误、注意力不集中的时候);对汉娜期待不太高的学生则只看到了负面标签带来的暗示(但忽视了她全神贯注地解决复杂难题的时候)。最终,幸运版的汉娜被判定为成绩在四年级学生平均水平之上,而贫穷版的汉娜似乎拖了四年级学生成绩的后腿。对汉娜的这一研究表明:

人很容易受到影响，一旦面对难以判定的现象，就愿意依靠标签的引导看待世界。

标签联想带来的偏见

社会标签并非天生就是危险的。给一个人贴上"右撇子""黑人"或"工人阶级"这类标签本身并没有什么问题，但一旦与带有含义的性格特征相联系，这些标签就很有害了。举例来说，"右撇子"这种标签基本没有什么意义，我们对惯用右手的人并没有太过强烈的刻板印象，说某人是"右撇子"并不等于说他们不友好或者不聪明。

相比之下，"黑人"和"工人阶层"就蕴含着很多联想，其中一些较正面，但更多的则是负面的。如果一个人被贴上了"黑人"的标签，我们会受其触发，感知到那些常与"黑"有关的特点，这就是为什么听说面孔属于"黑人"时，学生们会给本无法判定种族的面孔画出典型的黑人特征。普林斯顿大学实验的参与者们也一样，他们把汉娜的"工人阶级"背景跟智力不高相联系，在观看她完成学业检测的录像时倾向于强调她的弱点，忽视她的优点。

有时候，无意义的标签也会莫名其妙地获得意义。按照惯例，世界地图都将北半球置于南半球的上方，但将四个基本方位按这种方式垂直放置并没有什么内在的原因。希腊天文学家托勒密认为北应该被放在南的上面，可能只是因为已知世界都集中在北半球，世界上未被发现的地区自然应该位于优越的、已被勘测出的文明世界的版图之下。随着时间的推移，人们逐渐将"上下"和"南北"的两套方向系统合并起来，认为北就位于一个中心参考点之上，南则在之下。这种关联本来没有意义，可它在商业上产生了一些后果。

举例来说，在一项实验中，人们相信，如果一家货运公司在甲乙两地之间运输货物，从南运到北比从北运到南多收 235 美元是合理的，原因是，往北似乎是在"向上"运动，当然更费工夫，会耗费更多的燃料。另一组受试者则更乐意从市中心向南驱车 5 公里去一家商店，却不怎么乐意向北开 5 公里去一家基本相同的商店。原因仍然是一样的：向北边的商店开似乎要比向南开更费工夫。与此同时，第三组受试者则更乐意住在城市北边，大概是因为北边更高，显得比城市南边更优越。

从理论上讲，这些关联是可改变的。如果托勒密决定将他的祖国希腊以及北半球的其他地区放在地图的下半部分，人们说不定就更乐意向北方出行了，同时认为向南走更辛苦。1979 年，一位名叫斯图尔特·麦克阿瑟（Stuart McArthur）的澳大利亚年轻人针对目前占地图绘制主流地位的麦卡托投影法（Mercator world map projection）提出了一种替代方案：麦克阿瑟式通用纠误投影法（McArthur's Universal Corrective projection）。在麦克阿瑟的地图上，澳大利亚位于世界其他大陆的上面，也即上南下北。

麦克阿瑟的地图未能取代上北下南的权威投影法，但不难想象，接受麦克阿瑟式地图系统教育的孩子，说不定会觉得向北出行比向南出行更轻松。

大约 150 年前，也就是托勒密决定让北半球处于南半球之上很久以后，雷明顿公司（Remington）买下了一种新型打字机的专利权。这种打字机并未将字母按照正常的字母顺序（以 A 始，以 Z 终，排成 3 行）排列，而是采用了"QWERTY"布局（见图 8-3）。一如各位读者所知，这种布局的键盘成了当今世界上的主流键盘。"QWERTY"布局的设计目的是将经常使用的字母分开放置，以免在快速输入时卡住按键连杆。[1]

---

[1] 机械打字机使用按键连杆，每个按键对应一根连杆，敲击按键时，连杆上翻，将铅字打在纸上。——译者注

推出标准键盘所带来的意外后果之一是，数百万计算机用户会用左手输入某些单词，用右手输入另一些。例如，"abracadabra"（胡言乱语）、"referrer"（推荐人）是左手单词，"lollipop"（棒棒糖）、"loony"（疯子）和"monk"（和尚）是右手单词。（在图8-3中，灰色为左手按键，白色为右手按键。）有些单词需要双手配合输入，但你可以这样计算每个单词侧重右手还是左手：键入该单词使用右手按键的字母数量减去使用左手按键的字母数量。

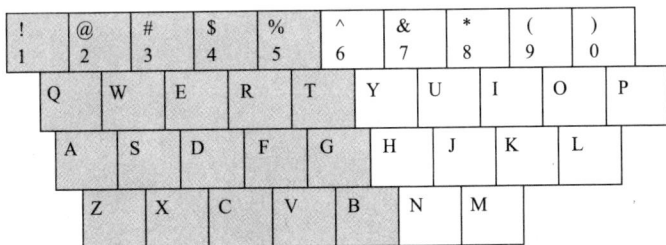

图8-3 "QWERTY"键盘

事实证明，由于人们都喜欢用常用手打字，而大多数人是右撇子，他们逐渐喜欢上了贴着"右手占优"（right-dominant）标签的概念。换句话说，如果你问一位说英语的人对单词的喜爱程度，哪怕是像"plink"或"sarf"这种并无实际意义的词，他们往往更喜欢需要更多右手按键的词。"QWERTY"键盘问世后创造出的词汇，包括"n00b"[1]"yucky"（讨厌）和"woohoo"（欢呼）尤其如此。人们经常输入这些字母串，并伴有使用右手输入的愉快感受或是使用左手输入的别扭感觉，因此，毫不出奇，单词表现出了很强的"QWERTY"效应。一如托勒密的决定让人们把北方和向上运动相联系，雷明顿采用的"QWERTY"键盘也让"wart"[2]这类单词蒙了尘，落入了不受欢迎的"左手输入单词"的范畴，而让"punk"[3]沾了光，进入了讨人喜欢的"右手输入单词"的行列。

---

[1] 这是一个网络词汇，多指网游新手，带有侮辱人的性质。——译者注

[2] 本意是"疣"，也指讨厌的人。——译者注

[3] 朋克，一种摇滚乐风格，也指走同类路线的年轻人。——译者注

> **人们会偏好右手字母多于左手字母的词语。**

　　这些研究并非好奇心过剩，事实上，它们告诉了我们种族主义和偏见是怎样影响成年人思维的，我们又该如何防止这些偏见在儿童心中扎根。在看过千百幅上北下南的地图后，成年人很难改变"北在南上"的概念。同样的道理，成年人生活在一个不停将种族与个性特征相提并论的世界里，种族标签也就跟个性特征产生了千丝万缕的联系。对儿童而言，这些破坏性的种族联想尚未变成颠扑不破的真理，所以他们幼小的心灵还来得接受其他可能性。

　　在民权斗争最激烈的时期，一位富有创意的老师向我们展示了孩子们有多乐意采用新的标签。1968 年 4 月 4 日，马丁·路德·金（Matin Luther King Jr.）遇刺，第二天，成千上万的美国儿童带着困惑和不解来到学校。在艾奥瓦州的莱斯威尔（Riceville），斯蒂芬·阿姆斯特朗是第一个走进三年级老师简·埃利奥特（Jane Elliott）的教室的孩子。

　　等教室里坐满学生，阿姆斯特朗问老师："他们为什么要杀死那个国王？"①埃利奥特解释说，"King"指的是一个叫"金"的人，他为反对歧视黑人而斗争。这个班上的学生全是白人孩子，大家都很困惑，因此埃利奥特决定向他们展示受到歧视会是怎样一种情形，学生们兴奋地同意了。于是埃利奥特设计了一场实验，这场实验最终使得后来的仰慕者将她称为美国反歧视教育的第一人。

　　一开始，埃利奥特说，蓝眼睛的孩子比棕眼睛的孩子更优秀。孩子们起初很抵制这个说法，绝大多数棕眼睛的小朋友要被迫面对"自己比别人差"的可能性，占少数的蓝眼睛小朋友则会面临这样的危机：自己一些最亲密的朋友如今成了"禁忌"。埃利奥特解释说，棕眼睛的孩子体内有太多的黑色素，黑色

---

① "king"在英语里意为"国王"。——译者注

素这种物质会让眼睛的颜色变深，还会让人变得不够聪明。埃利奥特给棕眼睛的孩子贴上"棕眼人"（brownies）的标签，说，是黑色素让"棕眼人"变得愚笨而懒惰。

为了让"棕眼人"容易辨认，埃利奥特让他们佩戴纸臂章，这是在影射纳粹德国在大屠杀期间强迫犹太人佩戴黄色大卫星的行为。埃利奥特还告诉棕眼睛的孩子，不能直接从水池里喝水，因为那可能会传染蓝眼睛的孩子，从而再次强化了两者间的对立。"棕眼人"只能用纸杯喝水。埃利奥特总是表扬蓝眼睛的孩子，为他们提供特权，比如延长午休时间，同时，她总批评棕眼睛的孩子，强迫他们早早吃完午餐。这一天结束时，蓝眼睛的孩子对棕眼睛的同学变得粗鲁、不客气起来，而就连最合群的棕眼睛孩子也明显变得胆怯、低声下气。原本聪明的棕眼睛孩子在学业上变得迟钝，而本来反应较慢的蓝眼睛孩子则有了批评棕眼睛孩子拖班级后腿的胆量。埃利奥特成功地让孩子们相信，眼睛的颜色既可能是前途的标签，也可能是耻辱的记号。

星期五下午放学后，孩子们回到了家，跟家人和朋友待在一起。接下来的星期一，他们来到学校，埃利奥特则把标签颠倒过来。她告诉孩子们，棕眼睛的学生其实比蓝眼睛的学生优秀，现在，轮到"蓝眼人"（blueys）戴耻辱臂章了。学生们接受了这些新角色，但在态度上没有对先前的角色那么热情踊跃了。就算此前受压迫的棕眼睛学生，在占据优越的位置后也表现得相对收敛，这或许是因为他们亲身体验到了负面标签带来的刺痛。中午过后，埃利奥特中断了这次实验。蓝眼睛的学生取掉臂章，因为眼睛颜色而分成两个阵营的孩子们拥抱着和解了。

埃利奥特示范歧视作用的消息很快便流传开来，几个星期后，约翰尼·卡森（Johnny Carson）在《今夜秀》（Tonight Show）里采访了她。采访只进行了短短几分钟，但它带来的影响延续至今。全国各地愤怒的白人观众纷纷批评埃利奥特，就算到了今天，就算作为埃利奥特的出生地和家乡的艾奥瓦州莱斯威尔仍有许多居民不欢迎她。一名怒气冲冲的白人观众怒斥埃利奥特让白人孩子遭受了歧视（可这样的歧视，黑人孩子天天都要面对）。该观众认为，黑人孩子已经习惯了这样的经历，可白人孩子很脆弱，说不定在示范结束后很久都难以从中恢复。埃利奥特作出了尖锐的回应。她责问，为什么白人孩子只经历了这种待遇一天，我们就这么关心；而黑人孩子可能一辈子都要受到同样的待遇，我们对他们的痛苦却视若无睹呢？多年以后，全国数以百计的学校采用了埃利奥特的示范技巧，职场歧视培训课也应用了同样的方法，以期让成年人有所领悟。不管埃利奥特的方法存在怎样的优缺点，它都向我们说明：标签深刻地塑造了我们对待其他人的方式，就算是随意编造的标签也有着极强的破坏力，会妨碍最聪明的人发挥潜力。

标签不光会消除歧义，还会改变结果

1964 年春，即简·埃利奥特对歧视进行课堂示范的 4 年前，两位心理学家在旧金山的一所学校开展了一场惊人的实验。实验出自罗伯特·罗森塔尔（Robert Rosenthal）和莱诺尔·雅各布森（Lenore Jacobson）的设想，他们试图揭示，除天生的智力和十几年的学校教育外，有其他因素在学生的学业成绩上发挥作用。

实验故事 | 参加实验的孩子们来自旧金山南部的一所学校，两位研究人员将该学校化名为"橡树学校"，这样做是为了保护孩子们免受公众审视（尽管研究已经过去 50 多年，仍有人对此极为好奇）。罗森塔尔和雅各布森将实验细节对所有的老师、学生和家长保密，他们只告诉老师，测试只是想检验哪些学生来年成绩会进步，他们把这些学生称为"突飞猛进者"。事实上，测试只是针对各年级进行的智商问卷，跟学业有成毫无关系。当然，和所有智商测试一样，部分学生分数很高，部分学生分数糟糕，大多数

人的表现符合所属年龄组。

实验的下一阶段饱受争议，但绝对是神来之笔。罗森塔尔和雅各布森记下了学生的测试分数，但随机挑选了一些学生，说他们会有"突飞猛进"的表现。这些"突飞猛进"的学生跟其他学生在成绩上没有区别，两组学生有着相同的平均智商得分，但研究人员对前者的老师说，"突飞猛进"的学生来年的智力会出现迅猛发展。春去夏来，学生和老师们过了 3 个月的暑假。

1964 年秋，新学年到来了，每一位老师都迎来了新一批学生。老师对学生知之甚少，只知道 3 个月前研究人员说某些孩子会"突飞猛进"。可实际上，因为所谓的"突飞猛进"学生是随机选择的，按理说，在 1964 ~ 1965 学年，他们的表现应该和其余学生没什么不同。学生们完成又一年的学习后，在学年结束之前，罗森塔尔和雅各布森又进行了一次智商测试，看学生们的分数是否较前一年有所改变。结果极不寻常。

在上一年级被标记为"突飞猛进"的学生，智商得分比同学们要高 10 ~ 15 分。4/5 的"突飞猛进"学生至少进步了 10 分，但在非"突飞猛进"学生里，只有半数提高了 10 分以上。罗森塔尔和雅各布森的干预竟然让一群随机选出的幸运学生超越了相对不走运的同龄人，而最令人叫绝的是，他们的干预无非是把一群随机挑选的学生贴上了"突飞猛进"的标签，同时对绝大多数学生的学业前景不予置评。

看到这样的结果，观察员们目瞪口呆，他们想知道，一个简单的标签是怎么在一年后提升孩子的智商得分的。正如普林斯顿大学的学生认为富裕版的汉娜更聪明，橡树学校的老师也在无意中强调了学生的优点、忽视了他们的弱点。橡树学校的老师们和"突飞猛进"学生进行互动时，总是期待看到这名学生的进步。每当"突飞猛进"的学生答对了问题，老师们似乎就会将其视为进步的迹象；要是学生未能答对，老师们则会忽视这一失误，认为这无非是整体进步中的小小异常。于是，那一年里，老师们总是表扬这些学生的进步，忽视他们的失误，同时还投入大量时间和精力，确保孩子们朝着"正确"的方向发展，不辜负"突飞猛进"标签所寄予的希望。

事实证明，标签还塑造了成年人看待世界的方式，就像俄罗斯学生更容易区分深蓝和浅蓝是因为他们对这两种颜色有着不同的标签一样，说不同语言的人看待世界的方式也有着很大的区别。以世界各地的人们使用的俗语为例，在英语里，我们嘲笑人时会说对方是个"失败者"（loser）、"没指望的人"（no-hoper），但德国人则会使用一个更形象的说法"Gurkentruppe"，按照字面意思来说就是"一堆黄瓜"（troop of cucumbers）。德语中的"乌龟"是"Schildkrote"，意为"带壳的癞蛤蟆"（shielded toad）。这些生动的标签更有力量，是因为它们能唤起具体的画面，而与英语对应的单词则表达的是相对模糊、比较抽象的画面。

有时，一种语言里有某些字词，但在其他语言里没有类似的说法。雅冈语（Yagan）是火地群岛的土著语言，在雅冈语里，"mamihlapinatapei"的意思是"两个人都有意要做某件事，但又都不愿着手行动，于是彼此交换了无言但意味深长的眼神"，这是一个在英语里不存在的概念。说英语的人只对初吻存在浪漫想象，但对初吻前一刻却没太大感觉。同样，英语里的无生命物体不分阴阳性，但其他许多语言却会对物体的阴阳性加以区分。"桥"在西班牙语里是阳性的，在德语里是阴性的，有人做过实验，说西班牙语的人会用高大、危险、强壮、坚固等词来形容桥梁，而说德语的人则会用美丽、优雅、漂亮、脆弱等词来形容桥梁。标签远不止起到了定位的作用，更塑造了我们想象中的画面。

由于不同的语言描绘着不同的现实，每当人类学家钻进人口日益稀少、使用独特语言或方言的部落，往往会有了不起的语言学发现。20世纪70年代初，人类学家约翰·哈维兰（John Haviland）发现了澳大利亚北部昆士兰州的谷古-伊米瑟（Guugu Yimithirr）人所用语言的一个奇怪特点。这一语言里没有"左""右""前""后"这些相对方位词，而只有"gungga"（北）、"jiba"（南）、"naga"（东）和"guwa"（西）这些基本方位词。起初，这似乎是一个微不足道的差异，但我们中的大多数人更习惯用相对方位词来说明位置和方位，而相对方位词是以当事人为中心的，也就是说，只有知道一个人站在哪里、面朝着哪一边时，这些词才能发挥作用。如果这个人转了个身，起初在他正前方的物体就变成了位于他身后，而使用基本方向词就不存在这个问题。基本方向只与太阳的位置有关系，和具体的人的位置无关。因此，和说英语的人不同，谷古－伊米瑟人对基本方向更为熟悉，他们判断物体在人南边还是北边的速度，就和我们这些说英语的人判断物体在人前面还是后面一样快。

20 世纪 80 年代，语言学家斯蒂芬·莱文森（Stephen Levinson）拜访了谷古－伊米瑟人，通过对一系列互动的描述表明了谷古－伊米瑟人有着截然不同的物理空间思考方式。比如，一位当地诗人要他小心脚"北边"的大蚂蚁。又如，莱文森请村里的一位老人描述在照片里看到了什么东西。老人说，他看到了两个女孩，一个的鼻子朝向东方，另一个的鼻子朝向南方。当然，要是老人拿着照片转 180 度，面对相反的方向，他就会说女孩的鼻子一个朝着西，一个朝着北。

在相距不远处，昆士兰以北的约克角的另一侧，波姆普劳（Pormpuraaw）人则用类似的语言方法来描述时间。在他们的想象里，时间不是从左向右或者从右向左流动的，而是像太阳那样运动：从东向西。如果波姆普劳人面对北方，时间就是从右流向左，如果他转身面对南方，时间就从左流向右。

实验
故事

曾有一项实验要求一组波姆普劳人按照人年龄从小到大的顺序排列若干张卡片。一如所料，参与者们从东向西按升序排列卡片。面朝北时，他们从右排到左（如图 8-4 左侧所示）。实验进行了一半，正在执行拍摄任务的摄影师说，自己要换一个不同的角度，于是，参与者们转了 90 度，面朝着一个不同的基本方向（如图 8-4 右侧所示）。不管面朝哪一方，说英语的人总是会从左向右排列卡片，但波姆普劳人却不一样，他们仍然按从东向西的顺序排列卡片，只不过这一回，卡片是从下排到上的。谷古－

伊米瑟人和波姆普劳人的语言标签决定了他们感知物理空间和时间的方式。

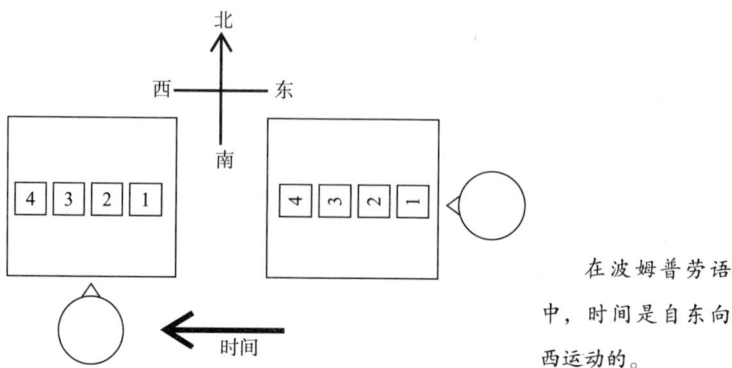

在波姆普劳语中，时间是自东向西运动的。

图 8-4　波姆普劳人面朝北和面朝西时完成卡片排序任务的鸟瞰图

看见并不真正存在的东西

标签限定了我们感知时间与空间的方式，可我们一无所察，但它们最狡猾的手腕是，它们能画出一幅根本不存在的场景。20 世纪 70 年代初，研究员伊丽莎白·洛夫特斯（Elizabeth Loftus）着手研究标签会怎样扭曲目击者的记忆，比如说，她想知道，目睹了一场车祸的人是会忠实地复原并回想起自己的记忆，还是会根据其他人描述事故的方式来调整它。

实验故事　有这样一次经典的实验：人们观看了西雅图警察局驾驶安全录像里的一系列车祸片段。每段录像放完后，观众都要估算车辆在事故发生前的行驶速度有多快。每个观众看的都是完全相同的录像，但他们要做的问卷上却使用了 5 个不同的词语来描述车辆之间的互动。有些观众的问卷让他们估计两车"相撞"（hit）时的车速有多快，另一些问卷上则让他们估计两车"撞毁"（smash）、"冲撞"（collide）、"撞击"（bump）或"相触"（contact）时车速有多快。尽管所有人看到的都是同一场事故里相同的车辆，他们的估计值却出现了很大的差异（见图 8-5）。

车祸被文字渲染得更为夸张时，汽车似乎速度更快：在观众脑海里，"撞毁"的车辆必定比仅仅是"相触"或"相撞"时的速度快。另一个类似的实验解释了一个更令人不安的真相：标签有时还会创造出完全虚构的记忆。一组大学生在观看两辆车发生碰撞的录像时，研究人员告诉一部分大学生，两车相撞了；又告诉另一部分人，两车相触了。一个星期后，研究人员要大学生们回忆这次事故之后是否出现了玻璃碎裂的情况。几乎所有听说两车"相触"的学生都正确地回忆起事故后玻璃没有碎裂，而仅有 14% 的学生错误地认为自己看见了碎玻璃；可在听说两车"相撞"的学生里，几乎有 1/3 的人认为自己看到了碎玻璃。对这些学生而言，夸张的"相撞"标签使虚构的回忆（事故发生或汽车玻璃碎了一地）取代了现实。

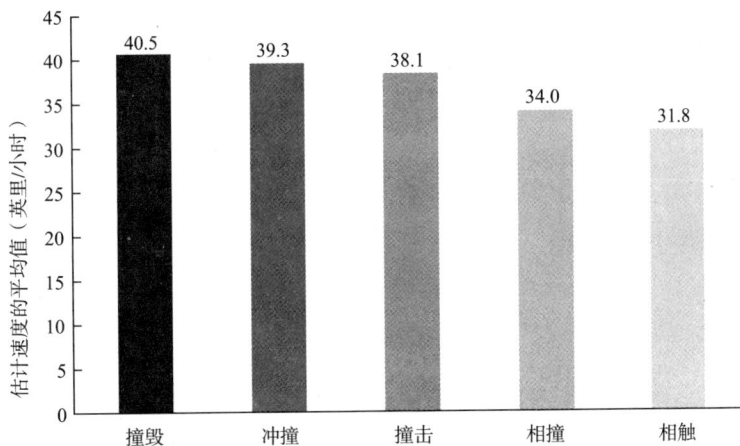

图 8-5　估计值的差异

更广泛地说，这一令人不安的结果表明，犯罪或事故的目击者会因为他人给事件贴的标签而形成虚构或夸张的记忆。这个故事的寓意是，原告和被告不应轻率地接受对方律师做出的描述。原告可以愤怒地声称"被撞毁了"，而被告则可以开脱为只是"轻轻顶了一下"。

> 犯罪案件或意外现场的目击证人，可能会因为他人给事件贴的标签而产生错误或夸大的记忆。

洛夫特斯调查标签会怎样改变人们对过往事件的记忆时，社会心理学家也开始好奇：标签能否重塑两人的实时互动呢？ 20 世纪 70 年代，社会心理学家们对一个问题很着迷：为什么残疾人总认为社交太过困难？大多数人并不残忍，也不会轻视他人，但许多存在明显身体残疾的人总觉得自己和陌生人间的互动尴尬、不愉快。一方面，一个友善、身体健全的人说不定花费了太多的精力去试着表现得"正常"，这样一来根本没有足够的精力去进行哪怕极为简单的谈话；另一方面，残疾人士又可能对对方的每一个面部表情、每一次头部转动、每一次眼睛眨动都极为敏感，他们暗自认定那代表了自己最担心的事情：对方正因为自己的残疾而歧视自己。对这些解释进行梳理，需要很强的创造力。你该怎样弄清互动进展不利的根本原因呢？两个社会心理学家设计了一个非常巧妙的方法来说明为什么"残疾"的标签和伤疤带来的耻辱感会让人际互动变得尴尬。

实验故事 | 　　20 世纪 70 年代末，研究人员在达特茅斯学院进行了一项研究。报名参加研究的达特茅斯学生在不知情的条件下被领进一间小屋，小屋里的实验员向他们解释说，他们要跟另外一个人进行互动。互动开始前，实验员告诉一些学生，化妆师会在他们脸上画一道疤痕。耐心而焦虑的学生站着不动，由化妆师把假疤痕粘贴好，之后又拿镜子来给他们看疤痕的样子。学生们会快速扫

一眼自己在镜子里的新样子。他们在本质上还是之前那个人，但他们将怎样带着脸上的明显疤痕来面对另一个人，却没人能猜得到。等学生们照完镜子，化妆师会给他们涂上一些药膏，保证疤痕不脱落，之后，学生们就走进另一个房间，首次见到自己的互动对象。

学生在整个互动过程中都感到不自在，并相信脸上的伤疤为自己招来了对方不必要的注意。事实上，他们花了太多时间担心疤痕，已经没有精力保持人们初次相遇时应有的冷静。与此同时，研究人员告诉另一些没有在脸上画疤痕的学生，他们的互动伙伴认为他们对某些东西过敏，但因为过敏是个无伤大雅的标签，这部分学生轻松地完成了互动。

但实验者设计了一着巧妙的转折：化妆师在使用药膏以保证疤痕不脱落时，其实是用卸妆膏抹掉了疤痕，也就是说，学生们开始跟伙伴互动时，脸上并没有带着他们自以为有的疤痕。尽管如此，标签仍然发挥了作用：学生们相信，自己的伙伴不停地盯着自己的疤痕，而自己的反应妨碍了互动的成功。这些学生的互动者们也对这种认识表示同意：实验人员并没有告诉他们哪些学生以为自己脸上有疤痕，哪些学生只是按照要求表现出过敏，但互动伙伴几乎立刻就能判断出误以为自己脸上有疤痕的是哪些学生。就算并没有真正的肢体缺陷（本例中就是那道"不存在"的疤痕），人们仍然会因为"对方会根据标签而对自己作出判断"的潜在可能性而陷入"瘫痪"，这种焦虑情绪足以阻碍友谊的进展。

标签每天都在折磨有着肢体残障的人，但在精神残障领域，它还有着更加黑暗的历史。一些精神科专业人士有时能够感知实际上并不存在的疾病。弗洛伊德的导师，法国神经学家让－马丁·沙可（Jean-Martin Charcot）最擅长给人贴标签。沙可最喜欢的诊断标签是"歇斯底里症"（hysteria），他用这个标签来归纳女性患者各种各样的疾病。为了说明这个词的用途有多么广泛，19 世纪末的医生乔治·比尔德（George Beard）专门创建了一个目录，对歇斯底里的症状进行归类。比尔德的目录整整列了75页，最终，他无奈地承认，这份清单仍然不够完整。清单罗列了从头晕、紧张直到体液潴留和腹胀的诸多症状。沙可向自己的同事和学生生动地展示了治疗案例，介绍了一位"神经质"的女性，他描述了她的症状以及一系列治疗方案。

后来，精神科医生们判定这个标签用途太过广泛，不够实用，总算放弃了对它的偏爱，但这时，它已经造成了很大的破坏，医生们曾采用痛苦的腹部水下按摩、诱发放血、侵入式生殖器刺激等治疗方法来对付这一"病症"。（医生对不得不实施最后一种治疗方法怨声载道，而"便携式振动棒"的设计目的竟是将治疗过程"自动化"。）与此同时，在发达国家，被诊断为歇斯底里症的妇女多得不可计数，这个标签完全失去了价值。受歇斯底里症折磨的女性成了不入医生法眼的患者，有时就连那些理应获得治疗的症状也被医生们忽视了。

歇斯底里症的例子固然惊悚，但它似乎跟现代医学道德观念距离太远，人们容易以为，精神科标签不再是件值得担心的事，事实恰恰相反。精神病学界的圣经《精神障碍诊断与统计手册》每推出新的一版就会提出新的标签，眼下最流行的一个危险标签是"边缘性人格障碍"（borderline personality disorder，BPD），它包含的症状几乎和100多年前的歇斯底里症一样多。边缘性人格障碍的集合下包括周期性愤怒、感情空虚、冲动、个人关系不稳定以及大量其他行为。问题是，这些症状也可被解释为其他十多种疾病，如果精神科医生把患者诊断为边缘性人格障碍，会被批评过于草率。即便如此，被诊断为边缘性人格障碍的患者仍要蒙受各种耻辱。边缘性人格障碍出名地难治疗，一部分原因是，此标签描述了太多千奇百怪的症状，作为回应，医生们不愿收治被诊断为边缘性人格障碍的患者。结果，该标签流行之前本可以躲过一劫的病人，现在却越来越难找到愿意为其治疗的医生了。

边缘性人格障碍并不是市场上唯一包罗万象的标签。自20世纪70年代起，成千上万的儿童被医生们诊断患有注意缺陷与多动障碍（attention deficit hyperactivity disorder，ADHD），这种疾病包括的症状可以媲美边缘性人格障碍和歇斯底里症。精神科医生往往容易把学校里每个年级年龄偏小的孩子诊断为注意缺陷与多动障碍，这就表明，某些单纯的儿童生理发育不成熟的现象可能会被误诊为多动障碍。这种疾病使医生们采用了大量超出实际需要的药物进行治疗，比如利他林（Ritalin）和阿得拉（Adderall），这两种药物在精神健康但过度劳累的大学生和职业人士中非常流行。采信了残疾标签的人容易以为别人因为自己有明显的疤痕就态度奇怪、待己不公，同样道理，出现了"歇斯底里症""边缘性人格障碍"和"注意缺陷与多动障碍"这样的标签，就是在无形中鼓励医生们给患者贴上这些标签。

标签极为强大，不仅塑造着我们眼中所见，还捏造出实际上并未发生的事件，不过，虽然标签的力量如此强大，世界上却还有大约 1/4 的人与之绝缘，因为他们是文盲，没有能力阅读书面标签。而图片、符号和图像等图形信息能在全世界通行无阻，人们只要偶然瞥上一眼，就能理解它们的含义。一些符号的沟通能力比标签更强大，务必谨慎使用，因为它们的威力不亚于一把上了膛的枪。

Drunk

Tank Pink

第 9 章

09

符号：
哪怕不认字也会被符号影响

符号是吸附意义的磁铁

科罗拉多州的美国海军两栖基地坐落在圣迭戈湾和太平洋之间的银索海滩（Silver Strand）上。该基地于 1944 年第二次世界大战即将结束时开始服役，到了 20 世纪 60 年代，其规模已经远远超出了最初的设计。海军找来当地建筑师约翰·莫克（John Mock）来设计综合大楼 320 ～ 325 栋，这 6 座新建筑如今是海军工程部海军们的营房。从地面来看，这几栋建筑与 20 世纪 60 年代的军营别无二致。可从空中俯瞰，它们却构成了一个惊人的符号（见图 9-1）。

没有别的符号比纳粹所用的"卐"形标志更能激发人们的强烈反应了，不少圣迭戈人在发现这组建筑邪恶的鸟瞰轮廓后忍不住拿起了武器。当地的"反诽谤同盟"（Anti-Defamation League）和地方议员请求海军"找出可行的解决方案"。一些有创意的事件相关人员建议增建几条人行道，把"卐"形修改成完整的方形；或是种植高大树木，遮掩建筑物的空中外观；甚至再修些特殊结构，把建筑完全遮挡起来。海军发言人起初并不同意，但最终，他们被迫拨款 60 万美元重新改造了这几栋建筑。在最近的一次采访中，建筑师约翰·莫克说这是"4 栋 L 形的建筑"而不是"卐"形标志，还说最初的建筑方和设计师完全知道该建筑群从空中看起来的样子。不管这些营房是否真正构成了纳粹党徽，说它与那个臭名昭著的符号存在惊人的相似是没有疑问的。

图 9-1 营房鸟瞰图

    类似"卐"这样 6 条直线简单组合的符号怎么会激起如此强烈的反应呢？莫克设计的建筑非常安全，从空中俯瞰时并不会让人失明或是导致其他生理伤害。事实上，在纳粹党选中这个符号之前，它只代表了若干无害的神秘概念。对佛教徒而言，这个符号经水平翻转后的"万字符"代表永恒，对一些印度教徒而言，它则代表象头神迦尼萨（Ganesha），对巴拿马的雅拉库纳（Kuna Yala）人来说，它代表创世的章鱼。这些积极的内涵也体现在它的梵文名字里，该名字意为"幸运"或"吉祥"。那么，这个符号跟纳粹党扯上关系之后发生了什么事呢？和名字与标签一样，除非与眼下存在意义的概念有关，否则，符号本身并没有意义。符号的一个有力之处是，它们原本没有意义，这使它们能够代表任何概念。第二次世界大战结束 10 年后，杰劳德·霍尔通（Gerald Holtom）创造了如今世人皆知的和平符号（见图 9-2），但想想看，要是纳粹党提前 15 年用它做了党徽，人们将会产生何等不同的感觉。

杰劳德·霍尔通的核裁军和平符号，是旗语中字母 N 和 D 的组合。

图 9-2 和平符号

符号的力量之所以强大，正是因为它们本身没有意义，所以，它们能够在无穷的可能中代表任何一种概念。

符号和图像的另一个有力之处是，我们能毫不费力地迅速领会它们。综合大楼 320～325 栋的设计问世的一个世纪以前，俄国作家屠格涅夫写道："一张图片能让我一眼明白一本书要描述几十页的事情。"这句格言如今被简化为"一画赛千言"，它正确地指出，符号和其他有意义的图像能迅速激发从愤怒、恐惧到喜悦、庆贺的各种极端反应。由于我们处理符号性图像的速度极快（比我们处理文字含义时快得多），再加上图像还会自动深深嵌入我们的记忆，更令它们有了如虎添翼般的强大威力。

因此，符号是吸引意义的磁石，有着和文字与标签一样的力量，可以塑造我们的思想和行为，它们通过引导或预先在我们脑中植入特定的想法和行为来完成这一过程。因为"卐"形标志如今已经和侵略、愤怒以及总体上的负面印象联系在了一起，它能诱使我们在表面看来无害的事件里感受到侵略、愤怒和负面性。

为了测试这一效果，我和同事弗吉尼亚·关请来一群学生完成两件看似不相关的任务。

实验故事　　我们称第一件任务为"几何视力题"，它听起来似乎很科学，内容则是要求学生数出 4 个形状里有多少个直角。有 3 个形状对全体学生都是一样的，但对第 4 个形状，我们却做了不同的调整。对一半的学生，第 4 个形状看起来很像是纳粹的"卐"形标志，按照我们的推测，这很容易引发这部分学生联想到侵略、愤怒和负面性的概念。对另一半的学生，第 4 个形状只是若干不具备特别意义的方块和圆形。

在学生完成几何视力任务后，我们又让他们在几分钟内分心做了另一件任务，之后请他们阅读一段理论上没有太大关联的段落，该段落描述了一个名叫唐纳德的男人生活中的一天。我们特意模糊地描述了他的行为，学生们既可以将其阐释为无关紧要的琐事，也可以视为唐纳德好斗、心胸狭隘的证据。例如，段落里说，有个推销员来敲唐纳德的门，唐纳德却拒绝对方进门。大多数人时不时（甚至大多数时候）都会拒绝让推销员进门，但如果你通过挑剔的透镜看待唐纳德的行为，他让推销员吃闭门羹的决定说不定就构成了他心胸狭隘的证据。文章在稍后又提到唐纳德排队买票去看 U2 乐队的演唱会。他开始与同为 U2 歌迷的人打扑克，还提议说，赢家可以拿走输家的票。唐纳德不知道这么做是违法的，可碰巧一位警察偶然撞见了打牌现场，便逮捕了他。读完上述场景后，我们问学生，唐纳德该受多重的处罚，他看起来是个讲道德、得体的人，还是个堕落、好斗的人。

15 分钟前看到"丩"形标志的学生，此刻带着一种无声的不安感读完了有关唐纳德的段落。虽然他们中不少人都说自己根本没注意到该标志，或是在阅读这段文字时已经忘记自己见过它，可它仍然塑造着他们对唐纳德的印象。看到"丩"形标志的学生，对唐纳德决定不给推销员开门的做法多持批评态度，在量表上判定该行为不道德的比例要高 10%，他们也更乐于看到唐纳德因为赌博行为而受惩罚，并判定他该受比事实上重 10% 的惩罚。简而言之，偶然看到了负面符号的学生，对他人的印象会受这个符号影响，哪怕不少人根本就记不得这个符号曾经出现过。

我们每天都会看到很多符号，尤其是在广告牌、报纸和电视上，因此，我们很难给予符号海洋里偶然飘过的个别符号太多的关注。因为我们缺乏有意关注，符号的影响力也就变得更加阴险：因为它们是在自觉意识的层面之下摆布和塑造我们的思想和感受的。

因为我们缺乏意识，这些符号的影响力便更加有害，因为它们就在我们浑然不觉的情况下暗中影响着我们，塑造着我们的思想与感受。

细微符号带来的力量

符号能在无意识中影响我们，这在很大程度上是因为我们的大脑随时随地都在下意识地自动处理图像。你埋头看这本书时，大脑会继续收集来自外围视野的视觉信息。即便图像只在一瞬间闪烁而过，你根本来不及辨认自己到底看到了什么，它仍能影响你的想法。让我们凝视图 9-3 中的若干符号几秒钟。

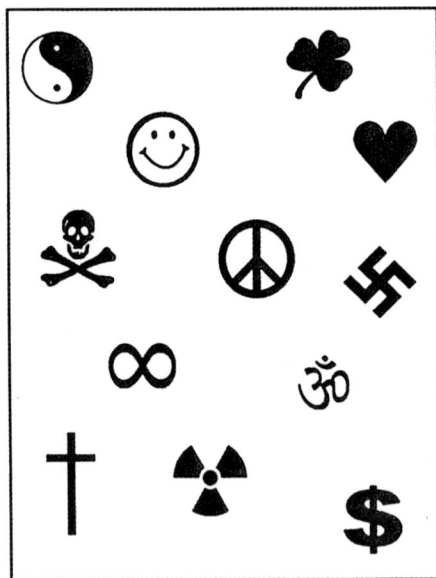

图 9-3　几种符号

你根本没有时间单独处理每一个符号，甚至不可能记得所有符号，但在短短几秒的时间内，它们在你脑中的意识过程里掀起了爆炸性的连锁反应。一次性看到这么多符号的情形很少见，所以思考的链条十分混乱。心形或许能让你想到爱情、浪漫和情人节，甚至是"我爱纽约"的 T 恤；同时，放射物质和骷髅符号则可能激发完全不同的联想，如死亡、毒药、战争和饥荒；再加上这团混乱里还有其他 9 个符号，你应该想象得到贯穿你大脑的电脉冲会多么狂乱地冲撞了。

有很多相关实验证据可以证明，在我们根本来不及逐一辨识符号的短暂时间里展示它们，就能掀起强大的连锁反应。有一个如今世人皆知的符号：苹果公司的商标。这个商标可不仅仅描绘了一个苹果，它描绘的是代表创新、与众不同的思维的苹果（一如广告活动所称）。意识到这个符号的含义后，一群研究人员想知道，人们在极短的时间里看到苹果标志后是否真能进行与众不同的思考，或者是更有创意的思考。作为对比，研究人员认为，人们在看到 IBM 的商标时应该不会过多地想到创意，因为 IBM 是与智慧、责任挂钩的，与创意则没有太大的联系。

实验 故事	他们找来 300 名学生，向一部分人短暂展示了苹果的 4 个不同商标，向另一部分人展示了 IBM 的 4 个不同商标。这些标志出现的时间非常短，人完全是在下意识（即在自觉意识的层面之下）中对其进行处理的，所以学生对自己在屏幕上看到的东西毫无感觉。为了让你明白这些标志的出现时间有多么短暂，我可以这样说：在短短 1 秒钟里，每一个标志可以出现 70 次。这个速度太快了，大脑根本无法进行有意识的处理。 用标志对学生们进行"引导"（prime）之后，研究人员要他们完成一项旨在衡量其创造性的任务，名为"不寻常用途测试"。测试的考察内容是人们能给一种寻常的日用品找到多少种创新用途，比如砖块、回形针等。说回形针可以用来固定纸张没有什么创新意味，但说回形针能用来当耳环，就是创新思维的证据了。

不过，如果你说回形针能载着你飞遍全球，这固然有创意，但也十分荒谬，而荒谬的回答在这一测试里无法得分。一如研究人员事先预计的，在不知不觉中看到了苹果标志的学生似乎比受 IBM 标志引导的学生更具创意。受 IBM 标志引导的学生平均能为物体想出大约 6 种用途；而受苹果标志引导的学生平均能为同一物体想出大约 8 种用途，而且，按照其他学生的评分，后者想出的用途更具创意。在不到 1/10 秒的时间里，向人们曝光了一个暗示着创意的符号，就能让他们产生更具创意的想法，这是何等的威力！更何况，他们根本没意识到自己看到过该符号。

除了一些出现时间十分短暂的符号之外，还有些符号出现在视野外围，但并未吸引到人的有意识注意，但即便是这些符号也能塑造我们的思想和感觉。和苹果的标志一样，一颗亮起的灯泡也能让人联想到灵感，它会让人回想起柏拉图的比喻：灵感就像照亮心灵黑暗的灯盏。发光的灯泡是个恰当的比喻，因为一如灯光会迅速驱散黑暗，灵感也能以同样的速度让人跳出困惑，恍然大悟。

实验故事　　　一群心理学家设计了一系列巧妙的研究，说明灯泡和灵感之间的关系超出了比喻的层面。在这些研究中，大学生要完成若干需要灵感的心理问题，即各种看似不可能解决，可一旦到了灵光乍现的那一刻答案就会自动涌现的问题。学生们开始解答任务时，研究人员会点亮一个灯泡，或者打开另一种形式的没有灯泡光源：有时，灯泡被遮盖在灯罩下；有时，光线来自悬在半空的荧光灯管。学生们并未有意识地关注光源，因为每个黑暗的房间总得有东西照明，而照亮房间的过程太常见了，没什么值得特别注意的。可由于灯泡亮起的符号象征了灵感，研究人员认为，用点亮灯泡作为引导，会让学生们更轻松地解开需要灵感的问题。果不其然，如果实验人员用点亮灯泡的方式开始整个过程，学生们更有可能解开需要灵感的棘手的数学、语言和几何问题。以下是研究中的一道题：

　　用 3 条相连的直线连接以下 4 个点，过程中，笔尖不可离开纸面，直线不可重复，且结束点和起始点需为同一点（见图 9-4）。

图 9-4　连线题

　　解决办法需要来上一点灵感，因为直线要从 4 个点构成的无形的方块延伸出去（见图 9-5）。

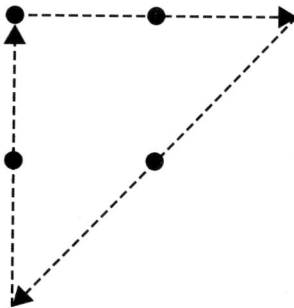

图 9-5　连线题答案

　　48% 得到点亮灯泡引导的学生解开了这道题，而以荧光灯作为引导的学生中只有 22% 的人解开了这道题。

这是一种奇怪的效应，因为你可能会以为，人要么具备解开该问题的足够的创造力，要么不具备。研究人员认为，灯泡引导出了灵感的概念，而灵感的概念反过来又引导出过去需要用到灵感的场合，从而让学生们进入了用灵感解决问题的合适的思维状态。事实上，解决这些灵感问题的部分奥妙就是，意识到它们需要一种特别的思维方式之后，要放弃那些容易想到但不正确的解法，去寻找那些出人意料的冷门解法。点亮的灯泡启动了需要灵感的解决方法的一部分原因是，这一符号有着非常强烈的含义：灵感来了！其他符号往往和大量概念相关，所以很难预测它们会对人的思考和行为产生怎样的影响，但与此同时，它们确实能够对人类心理造成一些最强烈的影响。

符号激素 1：金钱

1991 年，先锋派音乐二人组 The KLF 是世界上最受欢迎的一支乐队。当年 2 月，《凌晨 3 点永恒》（3 a.m. Eternal）登上了英国单曲排行榜的第一名，但最终，比尔·德拉蒙德（Bill Drummond）和吉米·考迪（Jimmy Cauty）放弃了跻身巨星行列的追求。他们是狂热的无政府主义者，想要颠覆自己所代表的腐朽世界。1992 年，德拉蒙德和考迪挥舞着玩具机关枪走上了全英音乐奖（BRIT music awards）的舞台，朝目瞪口呆的观众们开了火。在颁奖礼结束后的庆功宴上，他们又在台阶上留下一头腐烂的死羊，两人凭借这件事，顺水推舟地退出了音乐圈。

一年过去了，两人因为《凌晨 3 点永恒》和其他一些畅销金曲而得到了 100 万英镑的版税。他们想过买一艘潜水艇或飞船，但最终用这笔钱创办了专注于艺术的"K 基金"（K Foundation）。1993 年，雕塑家瑞秋·怀特瑞德（Rachel Whiteread）获得了著名的特纳奖，K 基金却宣布，怀特瑞德获得了该基金评选的"年度最糟糕艺术家"大奖。怀特瑞德拒绝接受后者 40 万英镑的奖金，德拉蒙德和考迪便扬言要把钱烧掉，于是，怀特瑞德心不甘情不愿地领走奖金，全额捐献给了慈善机构。

仍想花光版税的德拉蒙德和考迪用100万英镑纸钞做了一尊雕塑。所有的大画廊都不愿展示这件作品，于是他们退而求其次，在1994年8月23日深夜来到苏格兰的朱拉岛，把总计100万英镑的纸币（每张面值为50英镑）堆在一座船屋的地板上。在一个多小时里，他们的朋友金浦（Gimpo）拍下了德拉蒙德与考迪焚烧2 000张大额钞票的过程。大部分钞票被烧得一干二净，但还有小部分通过船屋的烟囱飘了出去。

自由撰稿人吉姆·里德（Jim Reid）是应邀来到船屋的少数几个外人之一。最初看到一大堆钞票时，里德说自己产生了罪恶感，就好像仅仅与这么一大堆钱站在一起都是件不道德的事。接着，他又觉得"必须做点什么，而不是袖手旁观地站在那儿。因为跟其他任何有着健康胃口的人一样，我也想要这些钱"。一个月后，里德在《观察家报》（The Observer）上写出了自己的经历，在文章结尾，他列举了100万英镑还有哪些其他用途：这100万英镑可以用来养活80万名挨饿的卢旺达人，也可以在伦敦为68户流离失所的家庭提供一整年的住宿；就算是让当时还健在的戴安娜王妃用于着装打扮，也足足能用上6年。

里德的反感情绪并不罕见。看着钱币被焚烧，你会有一种无数可能性断绝了的感觉。

实验故事 | 在近20年后，6位心理学家扫描了20名成年受试者在看到类似场景时大脑作出的反应。受试者会从扫描仪内的小屏幕上看到一双手正在折叠或是破坏一捆钞票。和里德一样，他们报告说，看到钞票被毁时，自己产生了不舒服和躁动的情绪。他们的大脑也讲述了类似的故事。和看到螺丝刀和铁锤等工具时一样，看到钱时，大脑的颞顶区域（temporoparietal network）会起反

应，因为大脑知道，这些东西具有功能性目的：铁锤是用来敲打的，而金钱则是用来花和赚的，所以，当成年人看见金钱遭到滥用，大脑就会进行反抗。手在切割或撕毁较大面额的纸币（如价值 100 美元而非 20 美元）时，被试的颞顶区域会产生更活跃的反应。金钱就是这么强大的符号（一种可用来实现多种目的的手段），连大脑都会因为金钱遭滥用而抗议不休。

世上存在多种超级符号，而代表货币的金钱符号是其中最强大也最常见的一种。货币采用钞票和硬币的形式并没有什么特别的原因，从前的社会也曾用珠子、朗姆酒和宝石来以物易物，但在当今世界的大部分地方，钞票和硬币成了货币的象征。几十年来，诗人、歌手和波西米亚人总爱对"没有钱的日子"进行浪漫的美化，可说实话，一点钱都没有，人很难度日。英国作家毛姆说得好："金钱就像第六感，没了它，其他的五种感官就没法用。"没错，不提前掏出钱来，你就吃不上美食，喷不上香水，看不了画作，听不了音乐，穿不上漂亮衣服。

金钱在我们的生活中扮演着最为关键的角色。一些营销学教授观察了纸钞、硬币和其他货币符号在普通人身上激起的各种反应。正如毛姆所说，金钱的一个主导功能就是自由与独立，所以，研究人员预先估计，用金钱符号进行引导之后，人的行为会表现得更独立、更自私。

实验
故事 | 在一项研究中，学生们要完成一道困难的智力题：将 12 种形状摆成一个大方块。实验人员在解释任务时说，如果遇到困难，他可以给予帮助，说完就离开房间，让学生们不受打扰地自行解决问题。一部分学生的桌角上摆着一小堆桌面游戏《大富翁》中的钱币，以微妙的形式不间断地提醒他们想到金钱。过了 4 分钟，未受金钱暗示的学生中有 75% 要求得到帮助；而受《大富翁》游戏币引导的学生中只有 35% 在 4 分钟过后寻求了帮助。

按照研究人员的说法，金钱暗示学生保持独立性，延迟了他们的求助意愿，促使他们多保持几分钟"不借助外力"的状态。

独立和毅力是正面特质，但和金钱一样，它们也有较黑暗的另一面：不愿帮助他人或与他人互动。狄更斯的经典小说《圣诞颂歌》就描绘了一位一心积累财富，同时避免社交互动的富裕的银行家埃比尼泽·斯克鲁奇。有了财富，斯克鲁奇不至于为折磨书中其他人物的问题所烦恼，可直到3个鬼魂拜访了他，他才意识到自己的做法有多么愚蠢。孩子们一味嘲笑斯克鲁奇悭吝龌龊的守财奴样，可一旦受了金钱的暗示，其他人也多多少少会暴露出几分吝啬的本性来。

实验故事　　在一项研究中，学生们玩了一小会儿《大富翁》游戏。一些学生赢得了价值4 000美元的游戏币，另一些学生却输得一分钱也没有了。拥有了4 000美元的学生开始展望富足的未来，而没钱的学生则仅仅想了想明天大概会做些什么，想象的内容与金钱无关。一分钟后，一场小小的灾难降临了：一名偶然路过实验室的学生把27支铅笔掉在了地上。正为4 000美元《大富翁》游戏币和美好未来感到飘飘然的学生捡起的铅笔数量比未受金钱引导的学生捡起的要少。"富裕"的学生并不过分悭吝，大多数人都帮忙捡了铅笔，可受财务充裕的前景的影响，他们帮助人的意愿减少了。

另一项研究强调了这一点。这一回，学生们盯着电脑屏保程序：有些屏保程序的内容是钞票漂浮在水里，有些则是鱼在水里游。研究人员随后问他们，是否愿意把参与研究所得的2美元全部或部分捐给大学生基金会，看着钞票在屏幕上漂来漂去的学生平均只愿意捐出77美分，而看着鱼在屏幕上游来游去的学生平均愿意捐出1.34美元。说前一部分学生是"吝啬鬼"有失公道，但金钱和财富的象征物显然把他们推向了自私的方向。

独立与坚持虽是积极特征，但也和金钱一样有其消极的不良影响，即不愿协助别人或与其互动。

除了自给自足和独立，金钱还拥有对疼痛施加麻醉的能力。1986 年的圣诞节前夕，《芝加哥论坛报》（*Chicago Tribune*）创造了"购物疗法"（retail therapy）一词来描述通过购物来改善情绪的行为，而这种安慰性消费使各种产品（从冰激凌到浪漫喜剧 DVD）的销量上升了。一家名叫"懒汉篮"（Bummer Baskets）的创新公司开发了一系列旨在缓解各类疼痛的保健包，包里的产品以巧克力为主。考虑到金钱在缓解疼痛方面的象征性作用，前述的营销研究人员们想知道，看到金钱图像时，学生们是否会对生理性的疼痛和社会性社交排斥感到麻痹。

实验
故事　　现代心理学实验中已经很少使用电击这种做法了，所以，身体疼痛实验中的学生们会把手浸泡在非常烫的水里 30 秒钟，并以 9 分制对痛感进行打分。参与社会疼痛实验的学生则会与另两名学生一起玩电脑游戏，而他们很快就开始感受到被其他两名同学忽略，这是一种有效的社交疼痛形式。在参与这两项疼痛任务之前，学生们要完成一件设计精妙的"手指灵活性任务"。研究人员让一些学生数 80 张 100 美元的钞票，而让另一些学生数 80 张白纸。数白纸的学生认为泡热水很痛，如果以 9 分为满分，他们给出的分数在 6 分左右；而数钞票的学生则认为没那么严重，给出的分数多为 4 分以下。参与社交疼痛任务的学生，如果事先数的是钞票，也觉得受人排斥的刺痛没那么强烈了，在类似量表上对痛感的打分要比其他学生低 50%。在金钱的象征性提示之下（哪怕这些钱不是真的也不属于我们），身体和社交疼痛似乎也没那么难以忍受了。

> 金钱也具有纾解痛苦的象征能力。

符号激素 2：民族主义和宗教

除了金钱之外，有力量发动战争、终止友谊的符号较为罕见。

但也有两个例外：国家象征和宗教符号。国家象征可以体现在该国的国旗上，而反对国家的抗议举动中则会频频出现亵渎国旗的行为。2002 年，委内瑞拉总统乌戈·查韦斯（Hugo Chavez）险遭政变。查韦斯在 2001 年通过了数十种有争议的法律，20 万名抗议者要求他下台。军方扣押了查韦斯，同时，委内瑞拉企业家商会联合会主席佩德罗·卡莫纳（Pedro Carmona）暂时接任总统职位 47 小时，直到查韦斯重新上台。政变当中，查韦斯录制了若干演讲，要求当地电视频道播出。可一些私人所有的频道却并未全屏播出演讲，而是通过分屏技术，一边播出查韦斯的演讲，一边播出反对派的抗议活动。加拉加斯广播电视台（Radio Caracas Television International，RCTV）便是这样做的频道之一。2006 年，RCTV 的广播许可证过了期，只好向政府申请延长。这个频道早在 20 世纪 50 年代初就开始播出电视节目，但查韦斯因其"支持"2002 年的未遂政变而决定对其进行惩处。因为拿不到延期许可，加拉加斯电视台无奈之下成了未经政府批准的非法电视台。

加拉加斯电视台的抗议很简单，但很强而有效：它开始播放带有上下颠倒的委内瑞拉国旗的画面。示威者走上街头，也反着举起国旗。查韦斯让国家陷入了混乱状态，颠倒的国旗有力地象征了这种无序。政府作出了强硬回应，逼迫其余电视台播出严厉斥责的消息。加拉加斯电视台并没有撕毁、焚烧、污损或以其他方式破坏国旗，它只是把国旗颠倒过来，就足以激怒动荡的政府了。

国旗在全球范围内都有着类似的重要意义。约翰·格林里夫·惠蒂埃（John Greenleaf Whittier）曾写过一首经典的内战诗歌，在诗中，爱国老人巴巴拉·弗里彻（Barbara Frietchie）劝南部邦联的士兵不要损毁美国国旗："'开枪吧，如果你非这么做不可，就朝着这颗白发苍苍的脑袋开枪吧，但请放过你的国旗.' 她说。"其他国家也和美国一样，对国旗尊重有加。亵渎国旗的行为，在中国可判处 3 年徒刑，在墨西哥可长达 4 年，甚至像新西兰、丹麦等以自由著称的国家也立法禁止破坏国旗。1994 年世界杯开赛期间，麦当劳餐厅在外卖袋上印了参赛各国的国旗，沙特阿拉伯为此表示抗议，麦当劳只好放弃这批纸袋。2002 年，国际足联设计了一种绘有各参赛国国旗的足球，但沙特人想到球员们会踢到自己国家的象征，立刻否决了这一设计。

国旗是国家身份的象征，这就解释了为什么那么多国家都立法禁止公开焚烧国旗。那么，从这一点来说，让人们看到国旗，既有可能引出爱国主义和民族团结精神，同时也可能引出与这些概念相关的负面情绪，如排外心态和对外侵略行为。

| 实验故事 | 首先，让我们来听听好消息：用美国国旗引导爱国的美国人民，能让他们想起美国是以平等和自由原则立国的。三名社会心理学家邀请美国一所大学的学生完成一份简短的问卷，先是问他们的爱国热情有多高，接着让他们评估自己对阿拉伯人和穆斯林的态度。一些学生面对一面硕大的美国国旗而坐，另一些学生面对的是一堵白墙。国旗对爱国热情不太强烈的学生影响不大，不管是坐在国旗还是白墙前，他们都报告说自己对阿拉伯人和穆斯林没什么敌意。但爱国热情很高的学生则有非常不同的表现：坐在美国国旗面前，他们对阿拉伯人和穆斯林更为宽容。这些结果表明，国旗能短暂地提醒人们其国家认同中的理想情况。就美国 |

国旗一例而言，人们在那一瞬间更能接受少数族裔和少数人信奉的宗教。

美国人对伊斯兰教的态度是最近才发生转变的，但以色列与巴勒斯坦人的土地之争则源于《圣经》。当冲突持续了无数世代，哪怕是合理的观点也无法弥合对立阵营之间的鸿沟。当代的以色列大选就是围绕对巴勒斯坦的国内政策展开的，谁能拿下这一战场，谁就能从选举中胜出。诸如"以色列家园党"（Yisrael Beiteinu）等右翼政党拒绝接受领土妥协的概念，而"哈达什"（Hadash，也叫"新党"或"和平与平等民主阵线"）等左翼政党则要求给予巴勒斯坦大片领土。就像美国国旗奇怪地消除了美国非穆斯林民众的反穆斯林情绪，期望以色列国旗能团结左右两翼的以色列人似乎有点过分乐观。

实验故事	一队社会心理学家接受了这一挑战。他们找来分属各个政治派别的以色列选民，向其展示以色列国旗或国旗的涂改版。以色列国旗能团结左右两翼的所有以色列人，因此，研究人员希望选民们在看到国旗后能聚集到一个温和的中间立场上。国旗和涂改版图像出现的时间非常短暂，选民们根本意识不到自己看到了什么。经过这一引导程序后，一部分选民要报告自己对有争议的政治问题的观点，另一部分人则需从若干选项中选出自己倾向的以色列的某个政治派别。
	受涂改版国旗引导后，左翼选民表达了左派观点，右翼选民则表达了右派观点。例如，当以色列从争议最大的加沙地区撤出时，右翼人士的感觉更加悲观，而左翼人士则认为，如果一家以色列人搬到加沙地带去抗议撤军，对这家人的孩子而言是很不公平的；可当选民们看到国旗时，这些差异却奇迹般地消失了。左翼和右翼都成了温和派，他们的观点几乎难以分辨，就连他们的投票意向也发生了变化，相关观点有大幅重叠。几个星期后，以色列大选结束，研究人员给选民们打电话时发现了相同的规律：看到涂改版国旗的选民是按政党立场投票的，而看到国旗的选民

则往往投出了较为温和的选票。(在有意识的层面之下)提醒以色列选民其国家身份，竟然能让他们与政治对手达成妥协，这真不可思议。

遗憾的是，国旗也能让人暴露出最坏的方面。一队研究人员（部分成员与前述研究相同）注意到，2005 年前后，美国的媒体把美国人渲染得尤为好斗。美国陷入了伊拉克和阿富汗战争，国内又接连发生校园枪击案和其他暴力事件，这营造出了一幅十分黯淡的画面。研究人员预计，经常看新闻的美国人似乎把国旗和战争、枪支等概念联系到了一起，而不怎么看新闻的人对国旗与好斗的联想则弱得多。在一项研究中，研究人员用美国国旗或一组无意义的形状对一群美国大学生进行了潜意识引导，之后，学生们着手进行一件漫长而枯燥的任务，等他们完成了 80 次任务，屏幕上会闪现一条报错信息：数据存储失败。

实验故事　事实上，实验是按预定计划进行的；实验人员操纵程序故意发送了这条警告，目的是让本来就感到无聊恼火的学生灰心丧气，学生叫来实验人员，后者道了歉，并请他们从头开始重新完成任务，总而言之，他们辛辛苦苦完成的 80 次任务就这么化为乌有了。房间里隐藏的摄像机记录下了学生们的反应，方便研究人员判断他们的反应是好斗的还是耐心的。研究人员预计，受美国国旗引导且常看新闻节目的学生尤其好斗。从隐藏摄像机拍下的画面来看，较之不怎么看新闻或者未受国旗引导的学生，这些学生的反应确实更具敌意、更恼怒、更恼火、更冷酷、更欠缺友善。

这些结果引出了一个问题：为什么在某些情况下国旗能团结政敌，而在另一些情况下又让人表现得好斗呢？为什么受以色列国旗引导之后，以色列左右两翼的选民走到了一起；而受美国国旗引导、看到美国军事方面进展的新闻的国民却变得更具侵略性了呢？和本书提到的诸多效应一样，答案在于这些引导所激起的联想。对某甲来说，国旗或许意味着国家的团结；对某乙来说，国旗却是军事侵略、国家狂热的信号。许多国旗最开始时只是一系列空泛的多彩元素的集合，可随着时间的流逝，它们获得了意义，并往往会在不同人群中激发出不同联想。对一些人来说，美国国旗是激进的爱国主义的信号，而对另一些人来说，国旗让他们想起了自由和平等的国家价值观。

和国家主义一样，宗教身份也是构成人们自我认同的重要元素，能够引起战争与种族灭绝、绝食与自我牺牲。许多人都用宗教来定义自己的身份，遵循一套强有力的群体规范，例如，宗教鼓励诚实与正直，反对作弊和行为失当。几年前，我和同事弗吉尼亚·关想到一个问题，给人们看宗教符号是否能让人变得更诚实呢？

实验故事

我们做了这样一次研究，要学生们评估 4 件首饰的价值。这 4 件首饰分别是一枚金戒指、一枚银胸针、一对耳环和一串项链。对所有的学生来说，戒指、胸针和耳环都是一样的，但有一半学生看到的项链是嵌钻的十字架项链，另一半学生看到的则是钻石吊坠。为十字架项链估价的学生，在不知不觉中受了基督教及其善良观念的引导：诚实和真心。

学生为首饰估价后要完成一套看似不相关、旨在衡量其诚实度的问卷。有些问题会问学生是否做过一些常见但社交上欠妥的行为（如"要是别人没照我说的做，我会心怀怨恨"），另一些问题则问学生是否没能做到一些任何人都不可能随时做到的正直行为（如"犯错后我总能承认"）。正如我们所料，受十字架引导的基督教学生有 70% 的概率会承认自己的不足，但在未受引导的情况下，只有 60% 的概率会承认其不足。非基督教学生则不管是否受十字架引导，表现得都与未受引导的基督教学生一样，有 60% 的概率会承认自己的不足。很明显，十字架不能让非基督教的学生产生与基督教学生一样的共鸣，也就无法塑造前者的行为。

只可惜，宗教引导也有其黑暗的另一面：因为它提醒人们，人不可能达到正统宗教所要求的严格标准。按照犹太教的教谕，犹太人应坚守 613 条戒律，包括不在违律者的膳食上洒乳香，以及若碰上没能解决的谋杀事件，就到要溪谷里折断一头小牛的脖子。信奉天主教的男性如果选择不奉神职，就不能完成 7 桩圣事。科学教（Scientologists）① 规定，必须先通过一连串的心理"审查"，才能成为该教派的正式成员。用宗教引导人不光会提醒人要诚实，也会令人自我怀疑，这也就并不奇怪了。

实验故事

20 世纪 80 年代末，心理学家向一群天主教学生展示两幅图像中的一幅。研究人员将图像短暂地闪现在白色屏幕上，人几乎意识不到自己看见了什么。研究人员对一部分学生闪现的图像是教皇约翰·保罗二世庄严的正面像，而对另一部分学生则展现了表情同样严肃的某个陌生人的头像。稍后，虽然所有的学生都不曾报告说自己看到过头像，但接触了教皇头像的学生在自我认知上明显差很多，对自己的道德立场也有着较低的评价。用宗教符号对人进行引导存在如此矛盾的结果，是因为人往往会觉得自己是道德水平相对较差的凡夫俗子，与此同时会做出更为诚实的行为。

> 用宗教符号对人进行引导会产生自相矛盾的结果，这是因为一般人通常会因此认为自己的道德品行不够高尚，同时又会因此表现出较为正直的行为。

---

① 又译作"山达基教"，是一个争议很大的宗教教派，但在美国有许多影视界明星为其拥趸。——译者注

符号的小变动带来的大影响

使用严谨的科学技术很难衡量十字架符号或美国国旗的力量，但有些符号的力量强大至极，能激发出一些得不到解释的反应。可口可乐是世界上最知名的品牌之一，该公司设计了一次大胆的展示广告，巧妙地利用了自己的市场霸主地位。广告里出现了可口可乐人尽皆知的饮料瓶形状，下面写了一行字："快，说出这是哪种饮料。"在广告牌上看不到品牌的名称，但因为饮料瓶的辨识度很高，而且该品牌名和饮料紧紧地联系在一起，"可口可乐"四个字立刻就跳进了人们的脑海。从某种意义上来说，这不啻为广告中的极品：品牌名跟所属的产品类别存在超强的联系，人们甚至可以用品牌名来概括整个产品类别，但这种"人尽皆知"的力量也带来了符号的最大弱点：对符号稍作调整，就能引发严重的后果。

公司通常会定期略加"改进"，更换陈旧的商标和包装，以此让品牌"焕发新生"。品牌的再创作非常微妙，因为"焕发新生"和"彻底失败"之间存在着一条清晰的界线。20 世纪 80 年代，可口可乐公司找来一群测试人员对百事可乐和可口可乐进行口感盲测，发现他们更喜欢前者，这让公司慌了神。1985 年，该公司大张旗鼓地推出了新可乐，但消费者更习惯老口味，并不喜欢这种"更新版"。新可乐上市遇冷，可口可乐公司的市场霸主地位动摇了，但消费者仍然不肯罢休，非要经典可乐配方重新回到超市货架上才算数。事实上，盲测中消费者更喜欢百事可乐的部分原因是，百事可乐比可口可乐稍微甜一些，而人们对小剂量的甜味会作出更积极的反应。如果测试人员把每一种产品都喝个精光（他们之后是这么做的），结果会完全不同，喝一口时令人愉悦的甜味，连喝上十几口后就变得倒胃口了。比起百事可乐，人们更爱买可口可乐的一部分原因正是，比起喝完一整罐百事可乐，他们更喜欢喝完一整罐可口可乐。

对心爱的符号和品牌做出明显改变会让人心生抵制，但如果改变之处十分微妙，大多数人根本视若无睹，那又会是怎样一番情形呢？正如前文所说，金钱是今天最强有力的一种符号。每隔几年，美国政府就会对纸币和硬币略加改动，但大部分变动都非常细微。美国财政部进行过无数次货币更新，还公布计划，要设计一系列新纸钞，在 2008 年 8 月更新所有面额为 5～100 美元的钞票。同时，美国铸币局宣布，2007～2016 年间要发行铭刻着 38 位总统头像的 1 美元硬币。同类公告在 1999 年也出现过，说是要在 1999～2008 年间发行以 50 个州为图案的 25 分币。对于这些更新，财政部发表的官方动机似乎略显轻浮："让流通中的货币重新恢复艺术美感。"

人们总是把金钱及其商品购买力联系在一起，所以，我和同事奥本海默想知道，金钱的购买力是否会因为这些变动而遭到损害。简单地说，也就是如果我们对现有钞票进行一系列小调整，人们是否会感觉货币没那么"足斤足两"了呢？

实验 故事	我们请一群美国火车乘客评估能用不同形式的若干美国货币购买多少东西。其中一项研究要求每个人评估能用 1 美元购买多少种廉价小玩意儿：图钉、回形针、铅笔、餐巾纸等。我们给了一半人一张问卷，问卷上印着一张真正的 1 美元纸币，另一半人的问卷非常相似，但有一点重要的区别：问卷顶部印着的 1 美元纸币经过了微妙的调整，看起来类似，但和原版并不完全相同。这些看到调整版 1 美元钞票的乘客同样要评估自己能用 1 美元购买多少东西。为了让各位读者感受一下两张钞票有什么样的不同，请看图 9-6。 乘客们只用了很少的时间看了看复印的钞票，但这仍然影响了他们对钞票购买力的估计。如果问卷上印的是真钞，完成问卷的人平均估计它能购买 22 样廉价小物品；而如果问卷上印的是假钞，那么人们平均估计它只能购买 12 样同类物品。这是一个巨大的差异，请记住，没有一个人发现问卷上的钞票是假的，哪怕实验人员专门问他们是否注意到钞票上有什么奇怪的地方，也没有任何人指出异常。

图 9-6　两种不同的 1 美元

金钱符号太强大了，它能让我们更独立、更自私、对身体疼痛变得更迟钝，但它同时又十分脆弱。只要你对货币稍动手脚，哪怕微妙到人们根本注意不到差别的地步，它与价值的象征性联系也会受损。

我们头脑内部塑造世界的力量——名称、标签和符号，其魔力大部分来自联想（或者联系）。在第 7 章里，飓风"卡特里娜"更强烈地打动了名叫金（Kim）、凯文（Kevin）和凯拉（Kayla）的民众的心弦，是因为他们把飓风的名字跟自己的联系到了一起。在第 8 章里，人们更乐意开车前往城南 5 公里的商店，而不愿意开车前往城北 5 公里的相同的商店，是因为他们把向南的行程与向低处行驶的轻松联系在了一起，而之所以产生这种感觉，又是因为看了千百幅上北下南的地图。而在这一章，灯泡亮起的场面以比喻的形式让学生们想到了解决棘手问题的创意答案。在这些案例中，环境中的某个特点激活了（从前也遇到过这些特点的）人们意识里的相关概念，引发了出乎意料的想法、感觉和行为，而只要你找到了将最初的字眼或图像与最终的结果联系起来的心理路径，这些想法、感觉和行为也就没什么值得奇怪的了。

罗伦兹的蝴蝶和两个蒂姆

1961 年冬日里的一天，美国著名气象学家爱德华·罗伦兹（Edward Lorenz）正在调整他一年前建立的气象预测模型。每次他输入一长串数值，模型就吐出一份气象预报。这些数字非常精确，精确到了百万分之一，一个又一个地手工输入让他很是疲惫：79.325 532，68.698 787，57.056 473……

当天晚些时候，这套模型生成了一个有趣的结果，和所有严谨的科学家一样，罗伦兹决定再来一次，重复这一结果。因为打一整天字让他感到厌倦，他选择了一条捷径，只输入小数点后 3 位数，而非之前的 6 位数。这样做精度损失似乎不大，而且为他节省了大量时间，比方说，他现在不用输入"65.506 127"了，而改成了"65.506"。输完数据之后，罗伦兹离开了电脑，等它自己处理，1 个小时后再回来看结果。

新的预测结果让他格外沮丧，它们跟之前生成的结果没一处相似。他检查了计算机软塌塌的真空管，但一切运转良好。把温度从 87.123 432 华氏度改成了 87.123 华氏度看似无关紧要，但模型在预测时却给出了截然不同的预测结果，几百万分之一度的偏差，似乎就能把阳光变成雨水。若干年后，罗伦兹在一次名为"蝴蝶在巴西拍了拍翅膀，会在得克萨斯州掀起一场龙卷风吗？"的演讲中讲述了自己的领悟。一部分是因为惰性，一部分是靠运气，罗伦兹在无意中发现了蝴蝶效应。

究其核心，本书是想向你说明，你的意识就是10亿次小小的蝴蝶效应带来的集体结果。你的思想、感情和行动是混沌连锁反应的产物，又受到本书所描述的9种微妙暗示力的助推。所以说，人的行为很难预测，一部分原因是它非常敏感，罗伦兹的蝴蝶在你脑中轻轻拍打了10亿次翅膀，而每次拍打它都感受得到。只要在早期施加一些影响，你就有可能像下面这个假设的案例所说的一样，变成一个截然不同的人。

假设简·戴维斯（Jane Davis）和约翰·迈克伊查根（John MacEochagan）结了婚，两人决定采用"戴维斯"这一比较简单的姓氏。他们的儿子蒂姆·戴维斯（Tim Davis）成了一名普通的律师，有能力获得若干次晋升，但远远算不上事务所里的后起之秀。在另一个平行世界里，简和约翰决定用"迈克伊查根"这个复杂的姓氏，所以他们的儿子就叫蒂姆·迈克伊查根了——实际上除了名字以外，他和蒂姆·戴维斯分明是同一个人。他也成了一名普通的律师，但正如我们在第7章中所见，他的名字给他晋升合伙人之路造成了些许障碍。蒂姆·戴维斯顺利晋升的时候，事务所的合伙人却划掉了"那个蒂姆什么什么来着"。

巧的是，这两个蒂姆都有叛逆的性格。30多岁的时候，他们决定送一套化妆品给妻子当礼物。

蒂姆·戴维斯走进一家百货公司，偷了一支睫毛膏和一瓶指甲油。他离开商店时，一名保安追上了他，经理决定把他告上法庭，蒂姆的法律事业危在旦夕。同一时刻，蒂姆·迈克伊查根挑选了相同的物品，看到睫毛膏的外包装上印着一对睫毛长长的眼睛时，他突然感到有人在监视自己，于是决定老老实实地做人，把两件商品留在了店里。

后来，两个蒂姆都生了儿子。他们带着自己的妻子和小蒂米寻找新公寓。他们相中了一栋30层高的现代化小公寓楼，可是离嘈杂的高速公路不太远。公寓楼里有两套待售的空房：一套在3楼，一套在30楼。为了高楼层的视野，蒂姆·戴维斯决定每个月多花200美元；而蒂姆·迈克伊查根却选择了3楼。3楼的噪音大得令人发狂，小蒂米几乎听不清父母说话。他学习阅读比在另一个平行时空里住在30层楼的小蒂米要慢一些，于是，父母决定让他在小学里多读一年。因为他比学校里的其他孩子大，体格更健壮、更成熟，到了高中，他得到了学校橄榄球教练的大量关注。靠着这份额外的关注，他成了蒂米·迈克伊查根，明星四分卫。而蒂米·戴维斯追随父亲的脚步，成了一位普通的律师。

这样的故事还可以继续进行，它只是一个杜撰出来的故事，但内容并不特别牵强。不同的名字、是否存在一双监视的眼睛、公寓楼层选择合适与否，这些转折点的效应随着时间流逝而越发明显，令他们的人生彼此不同。这些差异的线索来自不同的层面：我们内心的暗示力、我们之间的暗示力与我们周围的暗示力。

本书中的各种力量每天都影响着我们：在工作时，玩耍时，孑然一身时，与他人互动时，做人生中各种琐碎的决定时。一旦我们知道了它们的存在，就能在它们有益时更好地利用它们，有害时更好地抵挡它们。让医院分给你带风景的病房；花更多钱购买公寓的顶层——不光是为了景色，更是为了远离楼下的噪音；要记住，不管你是从唐人街搬到小意大利，从夏天进入冬天，还是从蓝色房间进入红色房间，你的决定都有可能改变。无论你走到哪里，酒牢粉和其他暗示力都会如影随形地伴随着你。读完本书，你便能更好地识别它们，确认它们对你造成了怎样的影响，是驾驭还是克服它们才能为自己获得最大程度的健康、智慧、财富与幸福。

致　谢

　　借用爱德华·罗伦兹的话说，这本书就是在巴西的一只蝴蝶拍了拍翅膀后一段时间内到来的那场龙卷风。引发这一混乱过程的拍翅膀动作，是德雷克·贝内特（Drake Bennett）在《波士顿环球报》上发表的一篇有关我的研究的文章，写得很漂亮。我的经纪人，卡廷卡·马特森（Katinka Matson）读过文章之后建议我写一份图书提纲，没有这份提纲，也就没有这本书了。卡廷卡为这份提纲做了一些渲染，使其比我的原稿更具可读性。在本书找到出版社后，她仍然不停地为我提供意见和支持。我还要深深感谢我的第一位编辑埃蒙·杜兰（Eamon Dolan），他看出了提纲中的潜力，教我把有趣的素材锤炼成精彩的故事。劳拉·斯蒂克尼（Laura Stickney）是我的第二位编辑，科林·迪克曼（Colin Dickerman）则稳健、耐心地将粗糙的手稿打磨成书。我还要感谢Kaitlyn Flynn、Mally Anderson、Samantha Choy 以及企鹅出版社的整个团队。

　　感谢我的父母，伊恩和珍妮，不管我的旅程让我离家多远，他们永远鼓励着我；谢谢我的哥哥迪恩，谢谢你永远的支持；谢谢萨拉，我最大的支持者，最犀利的编辑：没有你的善良、智慧与爱，我真无法想象过去几年的这段旅程会怎么过。

很幸运，我能获得来自大把家人和远近朋友的支持和建议。尤其要感谢阅读初稿并提供建议的那些人（以下姓名按字母顺序排列）：Corinne Alter、Dean Alter、Ian Alter、Jenny Alter、Jessica Alter、Peter Alter、Chloe Angyal、Amitav Chakravarti、Adrian de Froment、Greg Detre、Louise Frenkel、Svetlana German、Nicole Golembo、Geoff Goodwin、Dena Gromet、Hal Hershfield、Tom Meyvis、Sara Ricklen、Dave Schneider、Romy Schneider、Anuj Shah、Eesha Sharma、Hana Shepherd、Joe Simmons、Abby Sussman、Alison Swartz、Les Swartz 和 Rebecca Swartz。谢谢以下各位提供的研究协助和趣事收集：Bill Bokoff、Gabriella Chiriños、Casey Greulich、Sarah Jones、Karen Olsoy、Anna Paley、Eva Sharma 和 Evelyn Wang。

感谢迈克尔·奥勒斯克（Michael Olesker），他是一位勇敢无畏的作家，在写作过程中为我提供了许多建议；苏西·奥勒斯克（Suzy Olesker），谢谢你的道义支持，还有你做的饼干；同时谢谢两位无尽的关怀和鼓励。感谢亚历山大·修斯，他是"酒牢粉"的教父，谢谢您答应我的采访，生动地向我讲述了这种颜色的来龙去脉。

还要感谢我的 4 位学术顾问：新南威尔士大学的乔·福格斯（Joe Forgas）和比尔·冯·希普尔（Bill Von Hippel），普林斯顿大学的约翰·达利和丹尼·奥本海默。谢谢这 4 位学术巨人慷慨地答应让我站在他们的肩膀上。

未来，属于终身学习者

我这辈子遇到的聪明人（来自各行各业的聪明人）没有不每天阅读的——没有，一个都没有。巴菲特读书之多，我读书之多，可能会让你感到吃惊。孩子们都笑话我。他们觉得我是一本长了两条腿的书。

——查理·芒格

互联网改变了信息连接的方式；指数型技术在迅速颠覆着现有的商业世界；人工智能已经开始抢占人类的工作岗位……

未来，到底需要什么样的人才？

改变命运唯一的策略是你要变成终身学习者。未来世界将不再需要单一的技能型人才，而是需要具备完善的知识结构、极强逻辑思考力和高感知力的复合型人才。优秀的人往往通过阅读建立足够强大的抽象思维能力，获得异于众人的思考和整合能力。未来，将属于终身学习者！而阅读必定和终身学习形影不离。

很多人读书，追求的是干货，寻求的是立刻行之有效的解决方案。其实这是一种留在舒适区的阅读方法。在这个充满不确定性的年代，答案不会简单地出现在书里，因为生活根本就没有标准确切的答案，你也不能期望过去的经验能解决未来的问题。

而真正的阅读，应该在书中与智者同行思考，借他们的视角看到世界的多元性，提出比答案更重要的好问题，在不确定的时代中领先起跑。

湛庐阅读 App：与最聪明的人共同进化

有人常常把成本支出的焦点放在书价上，把读完一本书当作阅读的终结。其实不然。

时间是读者付出的最大阅读成本

怎么读是读者面临的最大阅读障碍

"读书破万卷"不仅仅在"万"，更重要的是在"破"！

现在，我们构建了全新的"湛庐阅读"App。它将成为你"破万卷"的新居所。在这里：

● 不用考虑读什么，你可以便捷找到纸书、电子书、有声书和各种声音产品；

● 你可以学会怎么读，你将发现集泛读、通读、精读于一体的阅读解决方案；

● 你会与作者、译者、专家、推荐人和阅读教练相遇，他们是优质思想的发源地；

● 你会与优秀的读者和终身学习者为伍，他们对阅读和学习有着持久的热情和源源不绝的内驱力。

下载湛庐阅读 App，
坚持亲自阅读，
有声书、电子书、阅读服务，
一站获得。

本书阅读资料包
给你便捷、高效、全面的阅读体验

本书参考资料
湛庐独家策划

☑ **参考文献**
为了环保、节约纸张, 部分图书的参考文献以电子版方式提供

☑ **主题书单**
编辑精心推荐的延伸阅读书单, 助你开启主题式阅读

☑ **图片资料**
提供部分图片的高清彩色原版大图, 方便保存和分享

相关阅读服务
终身学习者必备

☑ **电子书**
便捷、高效, 方便检索, 易于携带, 随时更新

☑ **有声书**
保护视力, 随时随地, 有温度、有情感地听本书

☑ **精读班**
2~4周, 最懂这本书的人带你读完、读懂、读透这本好书

☑ **课程**
课程权威专家给你开书单, 带你快速浏览一个领域的知识概貌

☑ **讲书**
30分钟, 大咖给你讲本书, 让你挑书不费劲

湛庐编辑为你独家呈现
助你更好获得书里和书外的思想和智慧, 请扫码查收!

(阅读资料包的内容因书而异, 最终以湛庐阅读App页面为准)

图书在版编目（CIP）数据

暗示力 /（美）亚当·奥尔特（Adam Alter）著；闫佳译. --北京：中国纺织出版社有限公司，2022.8
书名原文：DRUNK TANK PINK
ISBN 978-7-5180-9647-3

Ⅰ . ①暗… Ⅱ . ①亚… ②闫… Ⅲ . ①暗示 Ⅳ .①B842.7

中国版本图书馆CIP数据核字（2022）第122821号

责任编辑：闫　星　责任校对：高　涵　责任印制：储志伟

中国纺织出版社有限公司出版发行
地址：北京市朝阳区百子湾东里 A407 号楼　邮政编码：100124
销售电话：010—67004422　传真：010—87155801
http://www.c-textilep.com
中国纺织出版社天猫旗舰店
官方微博 http://weibo.com/2119887771
石家庄继文印刷有限公司印刷　各地新华书店经销
2022年8月第1版第1次印刷
开本：710×965　1/16　印张：15
字数：237千字　定价：89.90元

凡购本书，如有缺页、倒页、脱页，由本社图书营销中心调换